키다리짬뽕아저씨의
짬뽕 로드

키다리짬뽕아저씨의
짬뽕 로드

인생 짬뽕을 찾고 있다고요?

그렇습니다. 접니다. 키다리짬뽕아저씨입니다.

5년 전에 시작한 유튜브가 어느새 구독자 6만 명을 훌쩍 넘겼습니다. 맛있는 중식당들과 그곳의 짬뽕을 비롯한 다양한 식사들, 매력 있는 요리들을 여러분께 알려드리고자 노력했던 진심이 이 책으로까지 이끌었습니다. 광고를 위한 맛집 소개는 단 한 차례도 하지 않았고 오직 맛있는 중식, 맛있는 짬뽕을 찾고 전하자는 마음으로 달려왔습니다. 이 책을 빌려 저와 지금까지 함께해주셨던 구독자님들께 감사의 인사를 전합니다.

짬뽕은 대한민국 사람들과 오랜 시간 함께해온 소울푸드입니다.

어렸을 적 부모로부터 받게 되는 첫 번째 철학적인 질문.

"엄마가 좋아, 아빠가 좋아?"

왜 이런 질문을 하는지 모르겠어요. 하지만 그리고 나서 비로소 학교를 다니고 뭔가를 결정할 수 있는 소양이 생기면 두 번째로 맞닥뜨리는 철학적인 질문.

"짜장면이 좋아? 짬뽕이 좋아?"

네, 그렇습니다. 키다리짬뽕아저씨는 당연히 한 치의 망설임 없이 짬뽕이라고 답합니다.

맛있는 음식을 찾아서 돌아다닌 게 올해로 딱 30년. 다양한 맛집, 특히 중식당을 찾아다녔고, 짬뽕도 참 많이 먹었어요. 오랜 기간 다녀본 짬뽕 맛집은 수백 군데를 넘어서 네 자리 수를 넘어갑니다.

어느 날 찾아갔던 단골 중식당의 사장님께서 "키 큰 아저씨 또 오셨네."하는 말을 들은 뒤로부터 저는 '키다리짬뽕아저씨'라는 닉네임을 쓰기 시작했습니다. 물론 키가 188cm나 되는 장신이기도 합니다. 하지만 이야기 속 키다리아저씨처럼 다양한 중식당을 마구 퍼주는 키다리짬뽕아저씨가 되고 싶었고, 그러한 마음으로 이 책을 씁니다.

대부분의 중식당에서는 짬뽕을 팝니다. 그래서 전국의 짬뽕 맛집을 소개한다면 평범하게 맛있는 맛보다는 '개성 있게 맛있는 짬뽕'이 중요하다고 생각합니다. 특유의 운치가 있다든지, 같이 파는 음식이 매력 있다든지, 이야깃거리가 풍부한 '가볼 만한' 중식당이 좋겠죠.

그래서 이 책에서는 다음과 같은 짬뽕집들을 소개합니다.

- 누가 먹어도 맛있는 최고의 짬뽕집
- 놓치면 안타까운 개성 있는 짬뽕집
- 지역을 대표하는 짬뽕집

- 오랜 기간 맛있는 짬뽕을 팔아온 노포
- 짬뽕도 맛있지만 같이 먹을 다른 요리도 맛있는 식당

이 책에 소개하는 전국 짬뽕 맛집 120곳은 오직 주관적인 평가로 선정했기 때문에 어쩌면 여러분 개개인의 입맛에 모두 맞지 않을 수도 있어요. 하지만 지극히 짬뽕을 많이 먹어본 키다리짬뽕아저씨의 중국집 리스트를 믿어보세요. 이 안에는 분명 여러분이 찾고 있던 인생 짬뽕이 있을 겁니다.

하늘 아래 같은 짬뽕은 없습니다.
모두 함께 외쳐봅시다. "have a good 짬뽕!"

2024년 겨울, 키다리짬뽕아저씨

짬뽕 개론

여러분들께 '짬뽕'이라는 음식이 무엇인지 설명할 필요는 없겠지만, 명색이 짬뽕 여행 책이므로 간단하게 짬뽕학 개론을 펼쳐보겠습니다.

짬뽕은 해산물이나 고기 및 각종 야채를 볶아서 육수를 넣고 끓여낸 면 음식입니다. 넣는 재료에 따라서, 매운 정도에 따라서 짬뽕의 종류는 아주 다양한데 본격적으로 짬뽕 맛집을 찾아보기 전에 종류부터 알고 가시죠!

짬뽕: 해물이나 고기, 야채 등이 들어간 빨간 짬뽕
해물짬뽕: 해산물의 비중이 큰 짬뽕
삼선짬뽕: 해물짬뽕과 거의 비슷하지만, 더 좋은 재료(세 가지의 신선한 재료라서 삼선)
　　　　　가 들어감
고기짬뽕: 고기의 비중이 큰 짬뽕
고추짬뽕: 더 매운 짬뽕, 혹은 고추가 들어간 짬뽕
굴짬뽕: 굴을 주재료로 한 짬뽕
간짬뽕: 마치 간짜장처럼 수분이 적은 소스에 비벼 먹는 짬뽕
비빔짬뽕: 간짬뽕과 비슷하지만 다른 비벼 먹는 짬뽕
볶음짬뽕: 볶아 먹는 짬뽕
백짬뽕: 고춧가루가 들어가지 않은 초기의 짬뽕
초마면: 우리나라 시초에 가까운 짬뽕(빨간 짬뽕도 있고, 하얀 짬뽕도 있다.)
나가사키짬뽕: 일본 규슈 지역 나가사키에서 유래된 백짬뽕

이 외에도 홍합짬뽕, 오징어짬뽕, 조개짬뽕, 바지락짬뽕, 소고기짬뽕, 갈비짬뽕 등 재료에 따라 종류도 많고 까르보나라짬뽕, 크림소스짬뽕 등 서양 음식과 결부된 퓨전 짬뽕도 다양합니다.

책 속 정보 가이드

이 책에는 짬뽕 맛집 120곳이 소개되어 있어요. 필요한 정보만 쏙쏙 골라 담았으니 가고 싶은 짬뽕 맛집을 찾아 여행을 떠나보세요.

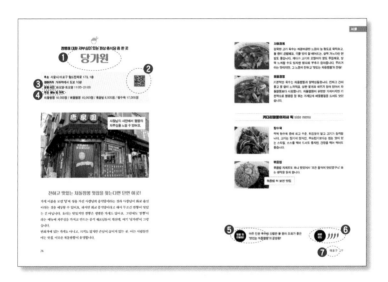

❶ 상호명
상호는 고유 이름 그대로 띄어쓰기 없이 표기했습니다.

❷ 가게 정보 QR코드
운영 시간과 메뉴 가격은 2024년 11월 말 기준으로 작성했습니다. 가격이나 운영 시간이 바뀔 경우를 대비해 가게 정보 QR코드를 꼭 스캔해보고 가세요.

❸ 운영 시간
브레이크 타임과 마지막 오더 시간 등은 따로 기재하지 않았습니다. 지역 로컬 맛집은 전화해보고 가는 거 잊지 마세요.

❹ 추천 메뉴 및 가격
중식당의 특성상 가게마다 다양한 메뉴가 있고 가격도 다릅니다. 직접 먹어보고 추천하는 메뉴를 선별해 넣었습니다. 추천 메뉴에 없는 다른 메뉴를 도전해보는 것도 기억에 남는 짬뽕 여행이 될 수 있어요. 가격은 시기에 따라 변동이 있을 수 있으니 미리 확인해보고 가세요.

❺ 짬뽕 맛 한 줄 평
키다리짬뽕아저씨는 짬뽕을 정말 많이 먹어본 짬뽕 천재이지만 지극히 주관적일 수 있습니다. 하지만 짬뽕의 특징만 쏙쏙 뽑아 한눈에 보기 쉽게 정리했습니다.

❻ 매운 정도
절대적인 기준이 아니라 저자의 입맛을 기준으로 표시했습니다. 고추 1개부터 5개까지로 매운 정도를 표시했는데, 고추 3개가 신라면 정도입니다.

❼ 서울을 시작으로 하여 지역별로 나누고 가나다라 순서대로 가게를 정리했습니다.

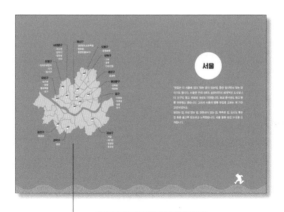

한눈에 볼 수 있는
지역별 짬뽕 지도 수록!

Contents

서울

경기도

인천

강원도

충청도

경상도

전라도

제주도

〈특집〉일본

키다리짬뽕아저씨 픽
전국 12대 짬뽕

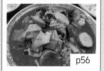

p56

안동반점의 삼선짬뽕
서울시 성북구

서울을 대표하는 노포에서 맛보는 특별한 삼선짬뽕.

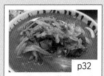

p32

포가의 차돌짬뽕
서울시 마포구

재료와 육수, 간, 불 향, 면발까지 모두 갖춘 완벽에 가까운 짬뽕.

p94

대박각의 찐소고기짬뽕
경기도 고양시

푸짐한 재료, 진한 육수, 강한 불맛으로 젊은이들의 입맛을 사로잡다.

p128

홍태루의 고기고추짬뽕
경기도 평택시

고기짬뽕인데 느끼하지 않고, 칼칼한데 짜지 않은 깔끔한 짬뽕.

p132

태산의 짬뽕
경기도 이천시

시골 육수와 홍합의 조합이 만들어내는 감칠맛을 느껴보세요.

p134

유가장의 짬뽕
경기도 여주시

매워서 유명한게 아니라, 맛있어서 유명한 집.

p256

영화원의 해물짬뽕
전라북도 군산시

오랜 화교 중식당의 맛과 호남 지역의 맛이 잘 합쳐진, 밸런스 최고의 짬뽕.

p258

신동양의 고추짬뽕
전라북도 익산시

보온병에 담아서 다니고 싶을 정도의 백짬뽕 육수.

짬뽕은 종류가 다양하고, 개인의 취향이 달라서 맛있는 순서를 매기는 것은 어렵습니다. 그래서 이 책에는 누가 먹어도 맛있는 짬뽕을 소개하려고 노력하면서도 개성 있는 짬뽕, 지역을 대표하는 짬뽕, 오랜 기간 팔아온 노포의 짬뽕 등 다양한 짬뽕을 수록했어요.

이 책에는 키다리짬뽕아저씨가 직접 가서 맛보고 엄선한 전국 짬뽕 맛집 120곳을 담았어요. 그리고 그중에서도 키다리짬뽕아저씨가 뽑은 전국 12대 짬뽕을 소개합니다!

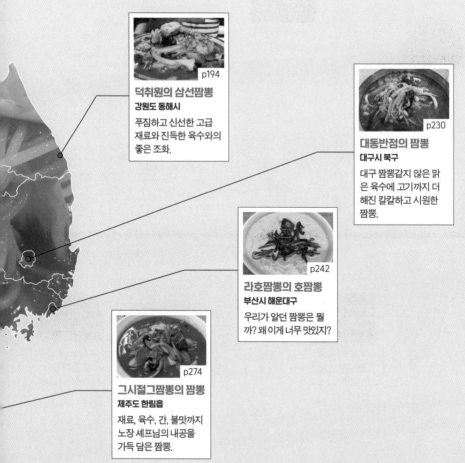

p194
덕취원의 삼선짬뽕
강원도 동해시
푸짐하고 신선한 고급 재료와 진득한 육수와의 좋은 조화.

p230
대동반점의 짬뽕
대구시 북구
대구 짬뽕같지 않은 맑은 육수에 고기까지 더해진 칼칼하고 시원한 짬뽕.

p242
라호짬뽕의 호짬뽕
부산시 해운대구
우리가 알던 짬뽕은 뭘까? 왜 이게 너무 맛있지?

p274
그시절그짬뽕의 짬뽕
제주도 한림읍
재료, 육수, 간, 불맛까지 노장 셰프님의 내공을 가득 담은 짬뽕.

키짬 셀렉션 2

역사를 자랑하는 노포 중식당에서
맛보는 짬뽕

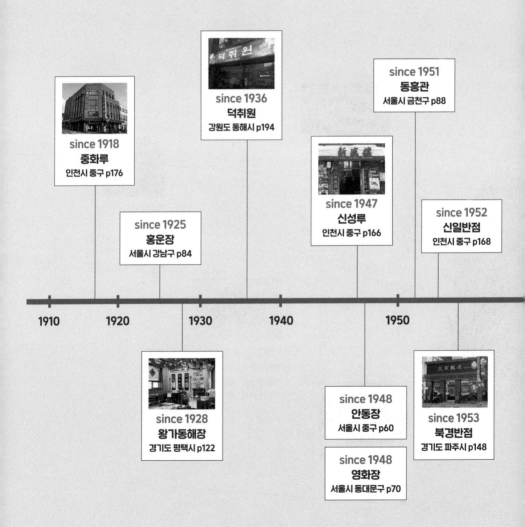

since 1918
중화루
인천시 중구 p176

since 1925
홍운장
서울시 강남구 p84

since 1928
왕가동해장
경기도 평택시 p122

since 1936
덕취원
강원도 동해시 p194

since 1947
신성루
인천시 중구 p166

since 1948
안동장
서울시 중구 p60

since 1948
영화장
서울시 동대문구 p70

since 1951
동흥관
서울시 금천구 p88

since 1952
신일반점
인천시 중구 p168

since 1953
북경반점
경기도 파주시 p148

1910　　1920　　1930　　1940　　1950

18

오래된 중식당이라고 짬뽕이 맛있는 건 절대 아닙니다. 하지만 시간이 흐르면서 입맛도 바뀌게 되는데, 식당을 오래 유지하고 있다는 것 자체가 이미 대단한 일입니다.

이 책에는 맛있는 짬뽕을 파는, 아주 오래된 식당들이 있습니다. 이런 노포를 찾아가는 것은 의미 있는 짬뽕 여행이 됩니다.

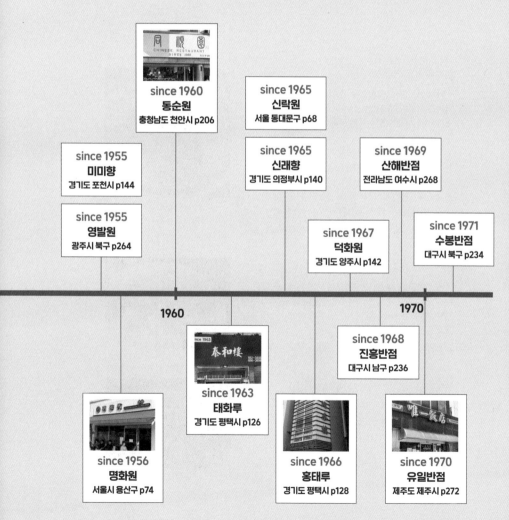

since 1960
동순원
충청남도 천안시 p206

since 1965
신락원
서울 동대문구 p68

since 1955
미미향
경기도 포천시 p144

since 1965
신래향
경기도 의정부시 p140

since 1969
산해반점
전라남도 여수시 p268

since 1955
영발원
광주시 북구 p264

since 1967
덕화원
경기도 양주시 p142

since 1971
수봉반점
대구시 북구 p234

1960

1970

since 1968
진흥반점
대구시 남구 p236

since 1963
태화루
경기도 평택시 p126

since 1956
명화원
서울시 용산구 p74

since 1966
홍태루
경기도 평택시 p128

since 1970
유일반점
제주도 제주시 p272

짬뽕과
같이 먹기 좋은 메뉴

잘하는 중식당에 갔는데 짬뽕만 먹고 나오기는 살짝 아쉽죠? 짬뽕과 함께 먹으면
어울리는 중식집 메뉴를 소개합니다.

탕수육 & 고기튀김

우리의 영원한 친구 탕수육. 부먹, 찍먹, 그리고 볶먹. 볶
먹이라는 말이 생소하신 분들이 있을 텐데요. 소스와 함
께 볶아서 나오는 탕수육을 뜻해요. 이런 스타일로 나오
는 중식집도 꽤 있습니다.
또, 여러분이 잘 안 시켜본 메뉴가 있을 텐데요. 바로 고기
튀김입니다. 오히려 탕수육보다 짬뽕과 궁합이 좋습니다.
탕수육과 고기튀김이 뭐가 다르냐고 묻는다면 고기튀김
은 소스를 따로 내어주지 않고, 간장이나 소금에 찍어 먹
을 정도로 밑간이 되어 있습니다.

➡ 맛있는 탕수육 고기튀김이 드시고 싶다면 P299로 이동

군만두

짬뽕과 가장 잘 어울리는 사이드 메뉴는 단연 군만두! 만
두 자체가 양이 많지 않아서 푸짐한 짬뽕과 같이 먹기 좋
고요. 속에 고기소가 들어가는 경우가 많아서, 해물짬뽕
과는 상호 보완적입니다.

➡ 맛있는 군만두가 드시고 싶다면 P302로 이동

볶음밥

짬뽕의 따끈한 국물과 웍에 볶아 불 향 솔솔 나는 볶음밥
을 같이 드시면 금상첨화입니다.

➡ 맛있는 볶음밥이 드시고 싶다면 P304로 이동

이렇게 드셔보세요!
이름하여 '난&볶&짬 콤비네이션'

이 책에서 소개한 식당 중에는 다양하고 맛있는 요리들을 파는 중식당들이 있어요. 여러 명이 같이 방문을 하면 어떤 음식을 조합해서 먹을까 고민하게 되는데 두세 명이 같이 갔을 때는 키다리짬뽕아저씨의 재미있는 추천 조합대로 드셔보세요.

난자완스 + 볶음밥 + (삼선)짬뽕

이렇게 드시면 튀기고 볶은 맛있는 고기 요리와 해물의 밸런스가 좋습니다. 또 밥과 면 음식을 같이 먹을 수 있어요. 안주로도 좋고 식사와 해장까지 완벽하죠.
문제는 '난자완스'를 파는 식당이 많지 않다는 것인데요. 이 책에 소개된 짬뽕 맛집 중에는 작은 가게지만 요리를 잘하는 중식당이 많아서 난자완스 맛집들이 꽤 있습니다. '난&볶&짬 콤비네이션'이 맛있는 가게를 꼽아볼게요.

시가 | 서울시 은평구 p48
고급 호텔 출신 화교 셰프님의 요리와 식사를 가성비 있게 즐길 수 있습니다.

화룡반점 | 경기도 부천시 p104
두껍고 푸짐한 난자완스와 젊은 짬뽕 마니아도 좋아할 강렬한 맛의 짬뽕.

태산 | 경기도 이천시 p132

왕사탕처럼 동글동글한 난자완스와 불맛 가득하고 맛있는 최고의 짬뽕을 함께 드셔보세요.

전가복 | 인천시 중구 p174

모든 요리를 소짜로 먹을 수 있어요. 두 분이서 즐기시기에 적당한 난자완스.

중화루 | 인천시 중구 p176

인천 차이나타운의 대형 중식당. 두껍고, 탄력 있고, 간까지 좋은 난자완스.

중화방 | 인천시 중구 p178

전 같이 납작하고 쫀득쫀득한 난자완스와 마니아들에게 소문난 고슬고슬한 볶음밥의 조화!

덕취원 | 강원도 동해시 p194

소스가 많아서 볶음밥과 비벼 먹기에 좋은 난자완스, 좋은 해물이 푸짐한 톱티어 삼선짬뽕.

쌍용반점 | 충청북도 충주시 p198

찾아가서 먹게 되는 소도시의 중식당. 정성이 느
껴지는 커다란 난자완스와 식사들.

국제반점 | 전라북도 군산시 p250

짬뽕의 도시 군산에서 즐기는 최고의 난&볶&짬
콤비네이션. 난자완스는 소스가 적고 볶아 나오
는 스타일.

유일반점 | 제주도 제주시 p272

고기 입자가 살아 있는 두꺼운 난자완스와 진하
게 매운 고추짬뽕을 같이 드셔보세요.

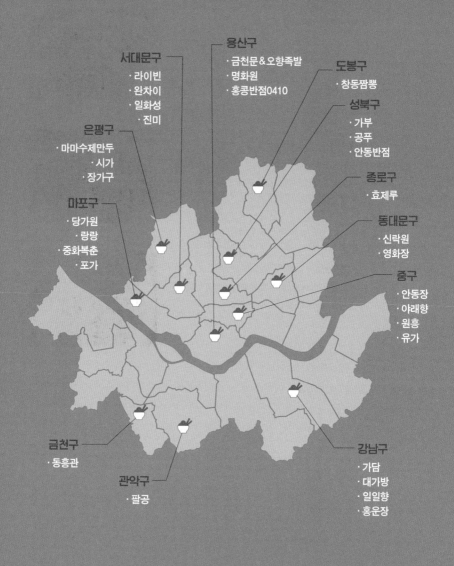

서대문구
· 라이빈
· 완차이
· 일화성
· 진미

용산구
· 금천문&오향족발
· 명화원
· 홍콩반점0410

도봉구
· 창동짬뽕

성북구
· 가부
· 공푸
· 안동반점

은평구
· 마마수제만두
· 시가
· 장가구

종로구
· 효제루

마포구
· 당가원
· 랑랑
· 중화복춘
· 포가

동대문구
· 신락원
· 영화장

중구
· 안동장
· 야래향
· 원흥
· 유가

금천구
· 동흥관

관악구
· 팔공

강남구
· 가담
· 대가방
· 일일향
· 홍운장

서울

"맛집은 다 서울에 있다."라는 말이 있는데, 틀린 말이면서 맞는 말이기도 합니다. 서울은 우리나라의 심장이면서 세계적인 도시입니다. 인구도 많고, 문화와 개성도 다양합니다. 화교 중식당도 많고 짬뽕 전문점도 많습니다. 그래서 서울의 짬뽕 맛집을 고르는 게 가장 고민이었어요.

맛있는 집, 개성 있는 집, 정통성이 있는 집, 독특한 집, 요리도 좋은 집 등을 골고루 담으려고 노력했습니다. 서울 짬뽕 맛집 31곳을 소개합니다.

짬뽕에 대한 자부심이 있는 화상 중식당 중 한 곳

당가원

주소 서울시 마포구 월드컵북로 173, 1층
찾아가기 가좌역에서 도보 10분
운영 시간 화요일-토요일 11:00~21:00
주요 메뉴 및 가격
차돌짬뽕 10,000원 / 해물짬뽕 10,000원 / 볶음밥 8,500원 / 탕수육 17,000원

사장님의 사진에서 짬뽕의 자부심을 느낄 수 있어요.

진하고 맛있는 차돌짬뽕 맛집을 찾는다면 단연 이곳!

가게 이름을 보면 '당'씨 성을 가진 사장님의 중식당이라는 것과 사장님이 화교 출신이라는 것을 예상할 수 있어요. 하지만 화교 중식당이라고 해서 무조건 짬뽕이 맛있는 건 아닙니다. 요리는 맛있지만 짬뽕이 평범한 가게도 많아요. 그럼에도 '짬뽕'이라는 메뉴에 자부심을 가지고 만드는 중식 셰프님들이 계신데, 여기 '당가원'이 그렇습니다.

번화가에 있는 가게도 아니고, 크지도 않지만 손님이 끊이지 않는 곳. 아는 사람들만 아는 맛집. 이곳은 차돌짬뽕이 유명합니다.

차돌짬뽕

걸쭉한 고기 육수는 까끌까끌한 느낌이 늘 정도로 묵직하고, 불 향이 강렬해요. 국물 맛이 잘 배어드는, 살짝 가느다란 면 발도 좋습니다. 게다가 고기와 오징어의 양도 푸짐해요. 살짝 느끼할 수도 있지만 양파와 부추가 잡아줍니다. 우리가 아는 맛이지만, 그 느낌이 진하고 '맛있는 차돌짬뽕'의 전형!

해물짬뽕

기본적인 육수는 차돌짬뽕과 일맥상통합니다. 진하고 간이 좋고 불 향이 느껴져요. 실한 꽃게와 새우가 들어 있어서 차돌짬뽕보다 시원합니다. 차돌짬뽕이 유명한 가게이지만 기본적으로 짬뽕을 잘 볶는 가게답게 해물짬뽕을 드셔도 맛있습니다.

키다리짬뽕아저씨 픽 side menu

탕수육

찍먹 탕수육 중에 최고 수준. 튀김옷이 얇고 고기가 듬직합니다. 고기는 질기지 않지만, 부드럽기보다는 씹는 맛이 있는 스타일. 소스를 찍어 드셔도 좋지만, 간장을 찍어 먹어도 좋습니다.

볶음밥

볶음밥 자체로도 꽤나 맛있어서 '모든 음식이 맛있겠구나' 하는 생각을 들게 합니다.

볶음밥 척 보면 맛집.

짬뽕 맛
한줄평!

아주 진한 육수와 강렬한 불 향의 조화가 좋은
'맛있는 차돌짬뽕'의 끝판왕!

매운
정도

연남동 '리우'가 마포로 왔어요

랑랑

주소 서울시 마포구 월드컵북로 41, 1층
찾아가기 홍대입구역에서 도보 10분
운영 시간 월요일-토요일 11:00~21:30
주요 메뉴 및 가격
삼선짬뽕 10,000원 / 후랑랑탕수육 20,000원 / 랑랑볶음밥 8,000원 / 지짐만두 8,000원

탕수육을 소스와 함께
볶아달라고 해보시면
훨씬 맛있어요.

'랑랑'이라는 상호명은 손녀딸
이름에서 따온 거래요.

오랜 경력의 화교 셰프님이 직접 볶아주는
짬뽕의 맛을 알고 싶다면

여기는 짬뽕 맛집이라기보다 음식들이 개성 있게 맛있는 중식 맛집입니다. 작고 분위기 있는 중식당에서 개성 있는 요리들과 짬뽕을 같이 먹으면서 즐거운 시간을 보내보세요. 랑랑의 사장님은 연남동의 중식당 '리우'를 운영했는데요. 점포 관련 문제로 몇년 전에 문을 닫고, 서교동의 한적한 길가에 '랑랑'이라는 이름으로 새로운 가게를 오픈하셨어요.

오랜 경력의 화교 셰프님이 직접 볶아주는 짬뽕 맛을 알고 싶다면 바로 여기입니다.

삼선짬뽕

우육탕면을 파는 중식당 중에 짬뽕의 육수도 좋은 곳이 있는데 여기가 그래요. 비주얼이 화려하고 불 향이 강합니다. 건더기는 푸짐하지 않아요. 요새 짬뽕들에 비해서 평범해 보이지만 먹어보면 상당한 웰메이드 짬뽕이라는 걸 알 수 있어요. 신선한 새우와 주꾸미, 소라 등의 재료로 맛이 잘 살아 있고, 면도 부드럽습니다.

키다리짬뽕아저씨 픽 side menu

후랑랑탕수육

살짝 매운맛의 탕수육이지만 사천탕수육과는 완전히 다른 붉은 탕수육. 깐풍육처럼 소스가 튀김에 붙어 있고, 고추기름을 태운 듯하게 맛을 냈어요. '맛있는 매콤 쌉쌀함'이 느껴집니다.

랑랑볶음밥

소스가 들어갔으면서도 고슬고슬함이 살아 있어 식감이 최고예요. 가격도 저렴합니다.

지짐만두

잘 튀겨서 빛이 나는 비주얼. 육 향이 진득하진 않아서 깔끔하면서도 간이 좋아요.

짬뽕 맛 한줄평! 불맛과 묵직함이 적고 해물의 감칠맛이 잘 살아 있는 은은하고 깔끔한 짬뽕.

매운 정도

짬뽕뿐만 아니라, 다양하고 세련된 중식을 맛보세요!

중화복춘

주소 서울시 마포구 동교로 220-7, 101호

찾아가기 홍대입구역에서 도보 2분

운영 시간 매일 11:45~22:30

주요 메뉴 및 가격

복춘초마(짬뽕) 20,000원 / XO오향차오판(볶음밥) 18,000원 /
목화솜크림새우 41,000원 / 마라구수깐펑지 47,000원 / 사자두완탕 71,000원

이 근처에만 다양한 콘셉트의 '중화복춘'들이 또 있어요.

가게의 외관부터 운치가 있어요.

미쉐린 식당의 짬뽕은 어떨까?

서울에는 '레드문', '진진', '구복만두' 등 다양한 미쉐린 선정 중식집들이 있어요. 그중엔 짬뽕을 팔지 않는 식당도 있지만 '중화복춘'에서는 맛있는 짬뽕을 맛볼 수 있어요. 가격대가 좀 있어서 가기가 어려운 중식당이지만, 이곳의 짬뽕을 드셔보면 첫 국물부터 미소를 짓게 됩니다. 같이 드시면 좋은 몇몇 요리까지 함께 소개합니다.

복춘초마

송이, 다양한 버섯들, 죽순, 청경채, 파프리카, 부추 등의 야채들을 큼직큼직하게 잘라 볶아냈습니다. 갑오징어, 새우, 꽃게, 그린홍합 등의 해물 재료 역시 큼직하고 신선합니다. 진하고 선이 굵은 느낌의 육수는 고급스러우면서도 시원하고, 매운맛도 은근히 센 편입니다. 면발은 단면이 사각형 느낌인데 보통 맛볼 수 있는 짬뽕과는 살짝 다른 수준이에요. 짬뽕 마니아라면 '고급짬뽕'도 한번 드셔봐야죠.

키다리짬뽕아저씨 픽 side menu

목화솜크림새우

시그니처 메뉴 중 하나. 보통의 크림새우와는 다르게 생크림이 올라가고, 대추와 견과류가 뿌려져 있어서 달콤하면서도 고소합니다. 레몬즙으로 느끼함도 잡았어요.
커다란 새우튀김은 소짜 기준 6알이 나와요. 완전히 바삭한 느낌보다는 살짝 쫀쫀해서 식감이 좋아요.

마라구수깐펑지

깐펑지는 깐풍기. 동그랗게 튀긴 닭고기 위에 파채가 올라가고, 밑에는 이 식당 특유의 수제 사천식 마라소스가 깔려 있어요. 이 소스가 너무 맛있어서 다른 요리에도 비벼 먹게 됩니다. '구수'는 입에서 침이 나올 만큼 맛있는 사천식 소스를 의미합니다.

 짬뽕 맛 한줄평! 큼지큼직한 고급 야채와 해산물을 볶은, 강렬하면서도 시원한 고급 짬뽕.

많지 않은 메뉴가 전부 맛있고 짬뽕까지 최고인 중식당

포가

주소 서울시 마포구 동교로46길 24-4, 2층
찾아가기 홍대입구역에서 도보 8분
운영 시간 화요일-토요일 11:30~22:00, 수요일 11:30~15:00
주요 메뉴 및 가격
차돌짬뽕 12,000원 / 산동식마늘쫑면 9,000원 / 고기튀김 20,000원

다양한 요리를 맛보기에
좋은 곳.

완벽한 기본기를 갖춘 짬뽕을 찾는다면

마포구 연남동은 서울에서 가장 힙한 동네이면서, 맛집이 많은 동네이면서, 중식이
가장 맛있는 동네의 교집합인 지역입니다.

그 특징이 가장 잘 반영된 식당이었던 중식당 '포가'가 사장님의 건강 문제로 잠시 문
을 닫았다가 위치를 살짝 옮겨 재오픈했어요. 길었던 줄이 줄어들어서 좋습니다.

키다리짬뽕아저씨가 가장 좋아하는 스타일의 중식당이 궁금하다면 이곳을 가보세요.

차돌짬뽕

키다리짬뽕아저씨가 우리나라에서 제일 맛있다고 생각하는
짬뽕 중에 하나. 기본기를 완벽하게 갖췄습니다.

기분 좋은 탁도의 육수는 느끼하지 않으면서도 고소하고, 은
은한 불 향에 간도 적당합니다. 청경채, 버섯 등의 야채 퀄리
티는 훌륭하고 볶은 정도도 완벽합니다. 새우, 오징어, 바지
락은 싱싱합니다. 그리고 화룡점정의 차돌박이! 밸런스가 완
벽합니다.

키다리짬뽕아저씨 픽 side menu

산동식마늘쫑면

이 식당의 시그니처 식사 메뉴. 송송송 썰려 있는 마늘쫑을
다진 돼지고기와 함께 볶아 쫄깃쫄깃한 중화 면에 비벼 먹는
요리입니다. 알리오올리오와 흡사한 느낌도 있어요. 기름기
가 살짝 있지만 아삭한 마늘쫑 덕분에 맛있게 느껴집니다.

고기튀김

탕수육보다 고기튀김을 좋아하시는 분들이 많습니다. 고기
튀김을 시키면 탕수육에 소스만 안 나오는 가게들도 있는 반
면에, 이곳은 그렇지 않습니다.

부추와 함께 먹는 고기튀김은 밑간과 후추 향이 완벽하고,
고기의 식감과 튀긴 느낌까지 좋으니 무조건 추천합니다.

 짬뽕 맛
한줄평! 재료와 육수, 간, 불, 면발까지
완벽에 가까운 짬뽕이 아닐까.

 매운
정도 ✏✏✏

모든 요리를 1인분씩 바로 볶아서 팔아요

라이빈

주소 서울시 서대문구 영천시장길 66, 1층
찾아가기 서대문역에서 도보 8분
운영 시간 매일 11:00~21:30
주요 메뉴 및 가격
1945짬뽕 8,000원 / 얼큰고추짬뽕 9,000원 / 라이빈안심탕수육(1인) 7,000원 /
라이빈볶음밥 7,000원 / 향라새우 9,000 원

요리를 1인분씩 조리해서 팔아서 저렴한 가격에 다양한 메뉴를 맛볼 수 있어요.

1945는 아버지의 가게, 영빈루를 개업한 해입니다.

강렬하게 맛있는 짬뽕을 빠르게 볶는 시장 통의 중식당

독립문 옆 영천시장 안에 있는 작은 중식당 '라이빈'을 소개합니다. 짬뽕이 맛있는데 알고 보니, 전국 5대 짬뽕이라는 평택 '영빈루'의 혈통이었어요. 짬뽕은 영빈루보다 더 맛있다는 게 중론. 게다가 여기는 탕수육뿐만이 아니라 양장피, 난자완스 같은 중식 요리들을 무려 1인분씩 주문할 수 있고 빠르게 볶아 나와서 좋습니다.

가게 안 자리는 적지만 주방 공간은 넓어서 세 분의 요리사가 빠르게 웍을 돌리는 모습을 볼 수 있어요. 재래시장과 너무 잘 어울리는 '정통 중식당'.

1945짬뽕

유슬 돼지고기와 오징어에 양파, 당근, 호박 등의 야채를 넣고, 빠르고 강렬하게 볶아 나옵니다. 영빈루의 맛보다 살짝 콘트라스트가 센 느낌입니다. 후추 향 없이 명쾌하고 강렬하고 임팩트 있는 맛.

얼큰고추짬뽕

매운 걸 좋아하시면 바로 이 짬뽕입니다. 기본적으로 1945 짬뽕과 같은 맥락에서 매운맛이 추가되었는데, 국물이 약간 더 진득합니다. 강렬하고 깔끔한 맛은 그대로입니다.

키다리짬뽕아저씨 픽 side menu

라이빈안심탕수육

1인분씩 주문이 가능합니다. 탕수육도 유명한 영빈루의 그 맛. 정말 부드러운 고기튀김에 특유의 밑간이 돋보여요. 영빈루는 찍먹이지만 여기는 부먹입니다. 그래도 잘 어울려요.

향라새우

다양한 요리 중에 향라새우를 드셔보세요. 중국 향신료 향이 살짝 있지만 과하지 않아 맛있습니다. 통통한 새우를 잘 튀겨서 매운 향을 입혔는데 계속 손이 가는 맛입니다.

 영빈루 짬뽕이면서, 영빈루보다 강렬하고 명쾌하며 임팩트 있는 맛.

since 1999

맵찔이들도 좋아하는 중식당

완차이

주소 서울시 서대문구 명물길 50-7, 1층
찾아가기 신촌역에서 도보 7분
운영 시간 화요일-일요일 11:00~21:00
주요 메뉴 및 가격
완차이짬뽕 9,000원 / 아주매운홍콩홍합 30,000원 / 짜오판 9,500원 /
완차이쌀국수볶음 20,000원

홍콩홍합은 매운 걸 못
드셔도 일단 맛있습니다.

오래전부터 중식 셰프들이 맛을 배우기 위해 왔던 곳

짬뽕으로 유명한 식당은 아니에요. 하지만 짬뽕을 좋아하시는 분들 중에서는 '매운맛'
을 좋아하시거나, 맛있는 중식을 좋아하시는 분들이 많기에 일부러 소개해봅니다.
노포 감성을 풍기는 이 식당은 미식가들 사이에서 이미 오래도록 유명한 화상 중식
당. 여기 사장님의 아버지는 실제 홍콩 '완차이' 출신의 화교셨고, 큰형 역시 우리나라
중식계의 전설적인 셰프님이셨어요. 완차이는 오래전부터 많은 중식 셰프들이 맛을
배우기 위해 들러왔던 가게입니다.

'아주매운홍콩홍합'이 이곳의 시그니처 메뉴입니다. 사천식 매운맛이 아니고, 이곳만의 레시피로 감칠맛 나는 매운맛을 냅니다. 완차이는 매운 요리로 유명하지만 우리에게 익숙한 일반적인 중식 메뉴들도 맛있어요. 볶음면과 볶음밥은 살짝 매우면서도 맛있고 탕수육, 짜장면, 짬뽕 역시 상당한 내공을 느낄 수 있습니다.

완차이짬뽕

간과 불맛이 과하지 않게 밸런스 있어요. 오징어와 새우가 들어 있고, 양파, 버섯, 야채들을 넣고 볶은 일반적인 짬뽕이지만 기본기가 좋아서인지 다른 곳의 화려한 짬뽕들보다 더 훌륭하게 느껴지기도 합니다.

키다리짬뽕아저씨 픽 side menu

아주매운홍콩홍합

말 그대로 아주 매운, 완차이의 시그니처 요리. 여기만의 복잡하고 정성스런 과정을 거쳐서 매운맛과 고추기름을 만듭니다. 매우면서도 감칠맛이 폭발합니다. 불맛도 잘 나면서 기름 향도 아주 좋아서 매운데 멈출 수 없어요.

완차이쌀국수볶음

특유의 수제 고추기름을 사용하는 볶음면 역시 완차이의 대표 식사 메뉴. 기분 좋게 감칠맛이 나는 고추기름 향과 저민 마늘, 중식스러운 불 향, 다양한 건더기와 쫄깃하고 넓은 면발. 어떠한 면요리보다도 맛있게 드실 수 있습니다. 두 분이서 드실 만한 양으로 나옵니다.

짜오판(볶음밥)

볶음밥의 기름 코팅은 여기가 끝. 짜장소스를 곁들이지 않아도 간과 불 향과 밥알만으로 아주 좋습니다.

짬뽕 맛 한줄평! 다른 음식들에 비해 살짝 평범하지만, 기본기가 충실해서 훌륭한 짬뽕.

매운 정도

서대문구청 뒤에 맛있는 화교 중식당이 있어요

일화성

주소 서울시 서대문구 연희로36길 26
찾아가기 홍제역에서 버스로 10분
운영 시간 월요일-일요일 11:00~21:30, 매주 화요일 휴무
주요 메뉴 및 가격
차돌박이짬뽕 10,000원 / 수제군만두 8,000원 / 쟁반간짜장 10,000원 /
매운고기볶음밥 10,000원 / 케첩탕수육(소) 18,000원

수제군만두는 반 접시도
파니까 꼭 드셔보세요.

신화 김동완의 맛집
으로 유명해요.

아는 사람만 아는 숨겨진 중식 맛집

서울 서대문구는 우리나라에서 제일 중식이 맛있는 동네 중 한 군데. 유명 셰프님의
중식당뿐만 아니라 크고 작은 화교 중식당들이 있는데, 한성화교학교 인근이라서 그
렇습니다.

여기는 대로변이 아닌 서대문구청 뒤에 있어서 눈에 띄지는 않지만, 가게 안으로 들
어가면 오랜 시간 맛있는 음식으로 장사해온 특유의 좋은 분위기를 느낄 수 있어요.

이 식당은 식사뿐만 아니라 다양한 요리들이 맛있지만 짬뽕, 군만두, 볶음밥, 짜장, 탕
수육 같은 메뉴만 드셔도 충분히 매력을 느낄 수 있습니다.

차돌박이짬뽕

해물 재료 없이 차돌박이만 들어간 짬뽕입니다. 매운맛, 감칠맛, 간, 육수의 맛이 전형적으로 맛있습니다. 꽤 진하면서도 감칠맛이 입에 쩍쩍 붙습니다. 살짝 라면 맛 같은 짬뽕을 좋아하시는 분들에게 적합해요.

키다리짬뽕아저씨 픽 side menu

군만두

여기에서 꼭 먹어봐야 할 메뉴. 크리스피하게 생긴 비주얼과는 달리 피가 두꺼우면서 부드러운 느낌이어서, 씹는 느낌도 좋아요. 소룡포만큼 뜨거운 육즙도 있어요.

쟁반간짜장

간짜장과 쟁반짜장의 장점을 섞은 메뉴. 쟁반짜장이지만 소스가 흥건하지 않고 간짜장처럼 면에 소스가 붙어 있습니다. 볶아 나와서 기름 향과 불 향이 한층 올라가 별미입니다.

레몬탕수육 & 케첩탕수육

밝은 탕수육 소스를 좋아하는 분도 있고, 옛날 식으로 빨간 소스를 좋아하는 분도 있는데, 골라서 주문할 수 있어요. 레몬탕수육이 우리가 아는 탕수육에 가깝고, 케첩탕수육은 살짝 칠리탕수육에 가까운 맛이 납니다. 둘 다 튀김옷이 바삭하고 쫀쫀하게 씹는 맛이 좋습니다.

 짬뽕 맛 한줄평! 해물 없이 차돌박이가 푸짐하게 들어간,
감칠맛 좋고 칼칼하고 진한 전형적인 차돌박이짬뽕.

호텔 짬뽕이 로컬화된 맛

진미

주소 서울시 서대문구 연희맛로 36, 1층
찾아가기 홍대입구역에서 버스로 15분
운영 시간 월요일-일요일 11:00~21:00, 매주 화요일 휴무
주요 메뉴 및 가격
유슬짬뽕 9,000원 / 잡탕밥 16,000원 / 중식버거 15,000원 / 탕수육 20,000원

유신재 셰프님은 신라호텔 '팔선' 출신입니다.

다양한 음식들이 전부 다 맛있는 귀한 식당입니다.

현재 서울에서 가장 맛있는 중식당 중에 한 군데

가게가 크지 않으면서도 요리들이 개성 있게 맛있고, 세련된 느낌까지 있는 곳.
짜장 좋아하시는 분들은 '진미'는 짜장이 맛있다고 하고, 짬뽕 좋아하시는 분들은 '진
미'는 짬뽕이 맛있다고 해요. 하지만 이곳은 다른 데 없는 특별한 요리들이 별미입니다.
사실 딱 짬뽕 맛집으로 소개할 가게는 아니에요. 맛있는 짬뽕과 함께 다양한 음식을
드셔보세요. 탕수육, 양장피, 유산슬 등의 요리부터 가지튀김, 만두, 볶음밥은 물론 쓰
란오징어, 중식수제비, 갈비튀김 등의 독특한 요리까지 최고입니다.

유슬짬뽕

삼선짬뽕보다 유슬짬뽕을 추천해요. 길쭉한 돼지고기와 절
묘한 식감으로 자른 오징어, 깨끗하고 정갈하게 손질된 야
채들, 많이 안 짜면서도 맛있는 육수. 어딘가 호텔 음식처럼
세련되면서도 로컬화된 '이게 A급 셰프의 짬뽕이구나' 하는
생각이 드는 짬뽕입니다.

키다리짬뽕아저씨 픽 side menu

잡탕밥

식사를 하러 가셨다면 잡탕밥을 드셔보세요. 마치 팔보채를
시킨 것처럼 해삼과 새우의 퀄리티가 좋고, 푸짐한 요리 같
은 밥이 나옵니다.

중식버거

중식버거는 '과바오'라고도 하는데, 중식 빵 안에 볶아 나온
내용물을 직접 넣어 먹는 메뉴입니다. 돼지고기, 고수, 양파,
고추 등이 맛있는 향신료와 함께 볶아져 나옵니다. 제공되는
'팩맨'처럼 생긴 빵에 직접 넣어 드시면 특별한 경험을 할 수
있습니다.

**짬뽕 맛
한줄핑!**
호텔 짬뽕의 세련된 맛이 로컬화된 느낌,
맛있으면서 깔끔하고 세련된 짬뽕.

**매운
정도** 〃〃〃

식사, 만두, 요리까지 모두 특색 있는 식당

마마수제만두

주소 서울시 은평구 증산로 397
찾아가기 새절역에서 도보 1분
운영 시간 매일 11:00~22:00, 둘째 주 넷째 주 일요일 휴무
주요 메뉴 및 가격
굴짬뽕 13,000원 / 산동짜장면 10,500원 / 만두류 7,500원 / XO볶음밥 10,000원

다양한 만두들을 하나씩
드셔보세요.

최고의 굴짬뽕을 찾으신다면 여기가 정답

굴짬뽕은 제철에만 파는 계절 메뉴입니다. 1년 내내 굴짬뽕을 파는 가게들도 있지만
'마마수제만두'의 퀄리티를 따라갈 수 없어요.
사실 여기는 굴짬뽕뿐만 아니라, 모든 식사 메뉴와 요리가 개성 있게 맛있는 작은 화

교 중식당. 여사장님은 경주 노포 중식당의 따님으로 가게 이름에 걸맞게 다양한 산동식 만두를 훌륭하게 빚어내십니다.

이곳만의 자가 제조 춘장을 사용한 산동짜장면도 별미. 요리들도 보통의 중식 요리들과는 다르면서도 맛있는, 매력 있는 중식당 '마마수제만두'입니다.

굴짬뽕

통영에서 생굴을 직접 공수한다고 하는데, 굴 퀄리티가 압도적으로 좋아요. 짬뽕에 들어가는 굴이 이렇게 좋을 필요가 있나 싶을 정도예요.

죽순, 양파, 피망에 배추도 들어가서 시원합니다. 강한 후추향이 주는 알싸함과 육수의 간도 좋아요. 굴을 씹는 순간 입에서 확 퍼지는 굴 향과 싱싱함이 놀라울 정도입니다.

키다리짬뽕아저씨 픽 side menu

새우군만두로 드셔보세요.

만두류

최고의 굴짬뽕과 잘 만든 수제 중식 만두를 같이 먹으면 아주 맛있겠죠? 이 가게의 이름이 '엄마가 만든 수제만두'. 군만두는 도톰한 피를 바삭하게 튀겨서, 만두피만으로도 이미 고소한 겉바속촉이 완성입니다. 다양한 만두소도 꽉 차 있어서, 든든하고 뜨거운 식감이 최고예요.

셀러리물만두도 추천합니다. 고기 향과 상쾌한 셀러리의 향이 은은하게 잘 어울립니다. 하늘거리는 만두피가 아니라, 도톰한 만두피의 산동식 물만두라서 더욱 매력 있어요.

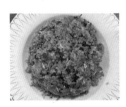

XO볶음밥

XO볶음밥답게 해물의 감칠맛이 납니다. 볶은 정도, 불맛, 간, 재료, 기름 향까지 다 좋습니다. 볶음밥 하나만으로도 꽤 좋은 식사입니다. 비주얼만 척 봐서도 아시죠?

짬뽕 맛 한줄평!
굴짬뽕의 현세대 국가대표로
굴의 크기와 양, 싱싱함, 맛, 향이 모두 압도적!

매운 정도

중식 맛집, 그리고
'화상(華商)'

짬뽕 맛집, 중식 맛집을 찾아다니다 보면 간판에서 다음과 같은 한자를 종종 보게 됩니다.

'華商(화상)', 이게 무슨 뜻일까요?

'화교 상인'이라는 뜻으로 보통 가게 간판에 써 있으니, '화교 상점'으로 이해하셔도 됩니다.

우리나라 화상 중식당(화교 중식당)은 대부분, 100여 년 전 산동 지방에서 우리나라로 들어온 화교 분들의 자손들이 운영하고 있습니다. 그리고 현재 TV에 나오는 유명하신 중식 셰프들의 상당수가 화교이시거나 귀화를 하신 화교 출신이거나 혹은 그 제자들입니다.

중국이 공산화되기 전에 우리나라로 오신 분들이기에 대부분 대만 국적을 가지고 계십니다. 그래서 식당 간판과 메뉴판에서 사용되는 한자는 중국에서 사용하는 간체가 아니라 대만과 홍콩에서 사용하는 번체입니다.

인천, 부산, 대구, 군산 그리고 서울의 연희동과 명동 근처에는 맛있는 중식당이 많습니다. 그 근처에 화교 학교가 있는 것도 당연히 관계가 있겠지요.

하지만 우리가 먹는 빨간 짬뽕은 한국화된 중식. 딱 짬뽕만 놓고 보면
우리나라 중식당이 화교 중식당보다 맛있는 경우도 많고, 화교 중식
당 짬뽕이 오히려 평범한 곳도 많아요. 하지만 마치 우리나라가 집집
마다 담그는 김치 맛이 다르듯 화상 중식당들도 음식 맛에 그 집안의
개성이 있는 경우가 많아요. 그러기에 화상 중식당에 가서 특징 있는
짬뽕을 맛보는 건 즐거운 경험입니다.

모든 화상 중식당에 '華商'이라고 표시되어 있지는 않아요. 써 있기도
하고 아닌 경우도 있는데, 다음과 같은 특징을 보고 화상 중식당이라
는 것을 추정할 수 있습니다.

- 중식당 이름에 우리나라 사람들이 잘 안 쓰는 한자를 사용한다.
- 가게 이름에 '사부' 혹은 '쓰부' 자가 들어간다.
- 사장님 성함이 범상치 않다.
- 가게 이름에 사장님의 성 + 가(家) 자가 들어간다. (유가장, 장가구,

포가계, 왕가동해장 등)
- 대물림 맛집인 경우가 있다.
- 친척이나 형제가 근처에서 다른 중식당을 운영한다.

키다리짬뽕아저씨의 경우는 대략 음식 맛만으로도 화상 중식당임을 직감할 때도 있지만 틀릴 때도 많습니다. 중식 맛집을 찾아다니다 보면 그 느낌적인 느낌을 알 수 있게 되는데 이 또한 즐거움입니다.

➡ 화상 노포의 짬뽕을 맛보고 싶다면 p70로 이동

➡ 화상 중식당의 짬뽕을 맛보고 싶다면 p64로 이동

은평구의 보물 같은 신흥 강자

시가

주소 서울시 은평구 가좌로7길 24, 1층
찾아가기 증산역에서 도보 15분
운영 시간 수요일-일요일 11:30~21:00
주요 메뉴 및 가격
짬뽕 9,000원 / 특짬뽕 12,000원 / 간짜장 7,000원 / 볶음밥 7,000원 /
잡채밥 8,000원 / 탕수육(소) 15,000원

'특짬뽕'의 해물 재료들이
아주 좋아요.

중식 동호회에서 소문난 집

신라, 롯데, 조선 등의 최고급 호텔 중식당에는 자타 공인 우리나라 최고의 중식 셰프
님들이 계신데 그분들이 나와서 자신의 식당을 열면 지역 맛집이 되는 경우가 많죠.
여기가 바로 그렇다고 소문난 집. 다양한 요리들부터 간짜장, 짬뽕, 볶음밥까지도 각
종 중식 동호회와 짬뽕 카페에서 유명한 집 '시가'입니다.

짬뽕

오징어, 주꾸미, 홍합, 그리고 참 잘 볶은 야채와 좋은 간, 화상 식당 특유의 향신료 향. 딱 기본 짬뽕만으로도 '이 가게 뜨겠는데?' 싶어요.

특짬뽕

좀 더 푸짐한 해물을 원하시면 특짬뽕을 드셔보세요. 요새 보기 드문 제대로 된 재료로 만든 삼선짬뽕을 맛볼 수 있어요. 해삼, 관자, 중새우, 오징어, 주꾸미, 소라살, 생선살, 그린홍합까지. 푸짐하고 다양한 해물이 낼 수 있는 최고의 맛. 이 동네에 이쯤 되는 삼선짬뽕이 있었나?

키다리짬뽕아저씨 픽 side menu

간짜장

이미 소문난 특 A급 간짜장 맛집. 고소하고 진한 장맛, 달지 않고 짜지도 않은 소스, 풍부한 기름 향, 아삭하게 볶은 양파와 고기. "어? 이 간짜장 되게 좋은데?"

볶음밥, 잡채밥

볶음밥은 볶음밥대로, 잡채밥은 잡채밥대로 밥알 하나하나 맛있게 잘 볶았어요.

수제물만두

실력 있는 화상 중식당에서 수제만두를 판다면, 물만두로 드셔보세요. 군만두보다 더 좋을 때가 많아요. 살짝 두꺼운 피에 향이 좋은 만두소가 실하게 들어 있어요.

짬뽕 맛 한줄평!

재료, 불맛, 간, 육수, 면발, 볶은 정도까지
정육각형으로 꽉 차는 밸런스 짬뽕!

매운 정도

since 1982

우리 마음속 어릴 적 추억의 맛있는 중식당

장가구

주소 서울시 은평구 연서로4길 19
찾아가기 응암역에서 도보 9분
운영 시간 월요일-토요일 11:00~21:30
주요 메뉴 및 가격
삼선고추짬뽕 10,000원 / 짬뽕 7,000원 / 간짜장 7,000원 / 유미짜장 8,000원 /
군만두 6,000원 / 볶음밥 8,000원 / 탕수육(소) 16,000원 / 덴뿌라 21,000원

점포 내의 '금성전자' 에어컨이
포스를 발합니다.

40여 년 전 개업할 때 그 자리에서 그 맛을 그대로 유지해온 집

이 책에서 단 한 곳, 키다리짬뽕아저씨의 어릴 적 추억의 가게를 소개해봅니다. 한적
한 동네의 오래된 중식당. 유명 셰프님이 운영하는 가게도 아니고, 고급 레스토랑도
아니에요. 기가 막힌 시그니처 메뉴도 없어요. 그런데 인터넷 평점을 보면 상당히 높
은 점수에 놀랍니다.

그 이유는 우리 마음속에 있는 '어렸을 때 맛있게 먹던 중식당'의 그 맛이 고스란히 유
지되고 있기 때문입니다. 40여 년 전 개업할 때 그 가게, 그 자리, 그 사장님, 그 음식
그대로. 이런 식당이 많이 남아 있지 않아요.

여러분들의 마음속에도 추억의 노포가 한 군데씩 있을 거예요. 그곳의 짬뽕을 맛보면
옛날 맛이면서도 감흥이 있죠. 그곳을 생각하시면서 이 페이지를 읽어주세요.

삼선고추짬뽕

불 향이 세다든지, 많이 맵다든지, 재료가 굉장하다든지 하는 엄청난 육수는 아니에요. 하지만 옛날 동네 중식당 짬뽕 맛이면서도 신선하게 야채를 볶은 느낌이에요. 살짝 가느다란 면발에 고춧가루 느낌이 좋아요. 마치 조미료 광고의 김혜자 배우님처럼 "아, 이 맛이야!"를 외치게 됩니다.

키다리짬뽕아저씨 픽 side menu

군만두

이곳의 군만두는 유명합니다. 만두 전문 중식당과는 완전히 다르지만 부추와 돼지고기의 만두소는 옛 맛이면서도 맛있습니다. 만두의 모양과 가게의 정취가 묘하게 어우러져 별미입니다.

유미짜장

오랜 중식당은 간짜장도 좋지만 유니짜장도 맛있지요. 간짜장처럼 소스가 따로 나옵니다. 다진 고기가 많고 부드럽게 볶았어요.

볶음밥

오랜 중식당의 전형적인 볶음밥입니다. 기름에 튀긴 달걀, 불 향, 불맛, 간, 고슬고슬함, 기름 코팅, 모두 우리가 옛날에 좋아하던 바로 그 맛.

덴뿌라

노포 중식당의 '고기튀김'은 굉장한 매력이 있어요. 튀김옷의 밑간도 좋지만, 안주로 드실 때는 소금을 달라고 해서 찍어 먹으면 탕수육과는 또 다른 별미입니다.

짬뽕 맛 한줄평!
우리 모두의 추억 속에 있는,
맛있는 옛날 동네 중국집 짬뽕 바로 그 맛.

매운 정도 🌶🌶🌶🌶

이런 곳이야말로 진정한 '중식당'

가부

주소 서울시 성북구 보문로 182

찾아가기 성신여대입구역에서 도보 5분

운영 시간 화요일-일요일 11:00~21:00

주요 메뉴 및 가격

짬뽕 9,000원 / 차돌짬뽕 11,500원 / 탕수육 20,000원 / 유린기 27,000원 /
해물볶음짜장 10,500원 / 양장피 28,000원

여기는 양장피, 팔보채, 멘보샤 등 우리가 아는 모든 요리들이 노골적으로 맛깔납니다.

요리부터 짬뽕까지 '꽉 차게' 맛있는 집

서울 성북구 삼선동에서 돈암동, 안암동, 보문동까지 이어지는 라인은 맛집이 많은 서울의 옛날 동네. 재개발이 되면서 동네도 깨끗하고 교통도 좋고 대학가 주변이라서 젊은 맛집도 많아요.

삼선동에 위치한 '가부'는 화상 중식당이면서도 셰프님의 경력이 화려해요. 짬뽕만 먹기에는 아쉬운 곳입니다. 다양한 요리를 즐겨보세요.

짬뽕

간과 매운 정도가 딱 좋아요. 맛있는 옛날 짬뽕 맛이면서도 어딘가 고급스러워서 누가 먹어도 좋아할 맛입니다. 차돌짬뽕이 유명하지만 요리를 같이 드시려면 일반 짬뽕만으로도 충분해요.

차돌짬뽕

차돌박이의 육 향만으로 승부하는 게 아니라 새우, 오징어 등의 해물들이 좋은 짬뽕 맛을 냅니다. 차돌짬뽕 중에서는 덜 느끼한 편이면서, 고소한 맛이 제대로 살아 있어요.

키다리짬뽕아저씨 픽 side menu

탕수육

당연히 부먹. 튀김옷이 탄탄하고 고기까지 튼실해서, 묵직하고 든든합니다. 그런데도 고기는 전혀 질기지 않고 튀김옷은 시간이 지나도 눅눅해지지 않아요. 탕수육 맛집으로도 손색이 없어요.

유린기

튀김이 바삭하면서 고기가 촉촉하고, 소스는 더할 나위 없이 입에 쫙쫙 붙어요.

 짬뽕 맛 한줄평! 딱 우리가 아는 '맛있는 짬뽕 맛'이면서도 어딘가 고급스러운 느낌까지!

맛집이 많은 성신여대 근처에서도 유명한 곳이에요

공푸

주소 서울시 성북구 삼선교로24길 29
찾아가기 성신여대입구역에서 도보 9분
운영 시간 월요일-토요일 11:30~21:00
주요 메뉴 및 가격
차돌박이짬뽕 11,000원 / 유린기 22,000원 / 탕수육(소) 18,000원

가게 외관은 매우
소박해요.

짬뽕 마니아들로 문정성시를 이루는 곳

차돌짬뽕이 트렌드의 중심이 되기 전부터 맛있는 차돌짬뽕으로 유명하던 식당.
성신여대 근처 돈암동, 삼선동, 보문동 지역은 노포 맛집부터 트렌디한 맛집까지 이른바 '맛집 밀집 지역'입니다. 중식당 '공푸'는 이 중에서도 문전성시를 이룹니다. 짬뽕을 맛보기 위해 각지에서 몰려온 짬뽕 마니아들이 줄을 서는 곳. 탕수육보다 유린기가 인기 있는 유린기 맛집이기도 해요.

차돌박이짬뽕

차돌박이가 들어가면 느끼할 것 같지만, 차돌짬뽕 맛집들은 차돌박이가 많으면서도 느끼하지 않습니다. 이곳이 딱 그렇습니다. 부드러우면서도 탁한 정도가 적정한 특유의 맛있는 육수에 차돌박이와 유슬고기가 푸짐하게 섞여 있어요. 볶은 야채와 밸런스가 아주 좋아서 언제나 맛있게 먹을 수 있어요. 밥을 말아 먹어도 아주 잘 어울릴 것 같은 간이지만, 쫀쫀한 면발 역시 아주 좋아요. 추가 옵션으로 달걀프라이를 주문하셔야, 비주얼의 화룡점정을 찍을 수 있어요.

> 짬뽕에 꼭 달걀프라이를 얹어서 드세요.

키다리짬뽕아저씨 픽 side menu

유린기

탕수육보다 유린기를 먹으면 좋은데, 이미 짬뽕에 돼지고기가 많기 때문에 더욱 그렇습니다. 정통식 고급 유린기라고 할 수는 없지만 짬뽕과 같이 먹기에는 안성맞춤.
부드러운 닭고기를 아주 바삭하게 튀겼고, 자극적이지 않은 맛있는 소스를 곁들입니다. 양파와 야채들을 닭튀김과 함께 집어서, 소스랑 같이 먹으면 상쾌하면서도 맛있습니다.

 느끼하지 않으면서 진한 국물,
아주 맛있는 '차돌짬뽕' 그 자체!

since 1966

작고 오래된, 맛있는 동네 중식당의 '서울 대표'

안동반점

주소 서울시 성북구 고려대로1길 35-1
찾아가기 보문역에서 도보 3분
운영 시간 목요일-일요일 11:00~17:00
주요 메뉴 및 가격
삼선짬뽕 14,000원 / 잡채밥 9,000원 / 고기튀김 15,000원

사장님 오래 장사하셨으면 좋겠습니다.

Long Live the 안동반점!

겉보기에는 허름한 옛 식당 같지만 이곳은 어마어마한 곳입니다. 언론에서 광고나 홍보성이 아니라 오롯이 음식으로만 최고라고 극찬을 해왔던 노포 '안동반점'. 명실상부한 서울의 작은 노포 중식당 중 최고봉입니다.

가게 근처가 재개발되면서 5년쯤 전에 문을 닫았을 때, 아쉬워하던 맛객들에 대한 이야기가 언론에 나왔을 정도입니다. 그 후 근처로 자리를 옮겨 재오픈했지만, 연로하

신 사장님이 혼자 조리하셔서 현재는 일주일에 4일만 영업하며 낮 장사만 하십니다. 이곳의 시그니처는 잡채밥. 삼선짬뽕도 최고이지만 팔보채, 멘보샤, 깐풍기, 양장피 등의 요리도 수준급입니다. 언제 문을 닫을지 모르는 식당이니 빨리 가보셔야 합니다.

삼선짬뽕

첫 국물을 입에 넣는 순간부터 '이게 뭐지?' 싶을 정도의 감흥이 있어요. 오징어, 갑오징어, 낙지, 새우, 주꾸미, 소라살, 가리비, 조갯살 등 해물의 종류가 많고 푸짐합니다. 야채들을 함께 볶으며 나온 맛과 향들이 국물에 농축되어 들어갔고 간이 딱 좋습니다. 불 향이 세거나 많이 맵지도 않아요. 사골 육수가 아닌 것 같은데도 다양한 풍미의 밸런스가 좋아서, 다른 어떤 짬뽕과도 다른 이 맛은 무조건 드셔봐야 합니다.

키다리짬뽕아저씨 픽 side menu

잡채밥

반칙같이 맛있는 맛. 오랜 기간 마니아들의 사랑을 받아온 '안동반점표 잡채밥'. 간, 당면, 볶은 정도가 예술이고, 밑에 깔려 있는 볶음밥은 파 향과 고소한 향, 간까지 절묘합니다.

고기튀김

보통 노포에서는 '덴뿌라'라고도 불리는 메뉴로 중식당의 안주 담당이라고 할 수 있어요. 고기튀김 역시 최고 수준. 튀긴 비주얼, 밑간, 고소한 향, 바삭함까지 뭐 하나 빠질 게 없습니다. 살코기를 씹는 느낌, 고기 함유량, 양까지 훌륭합니다. '고기튀김 한번 먹어볼까?' 하시는 분은 여기가 최고의 선택입니다.

고기튀김은 소금에 찍어 드세요!

짬뽕 맛 한줄평! 다른 어떤 곳에서도 비슷한 맛을 찾을 수 없는 서울 최고의 삼선짬뽕.

매운 정도

플로리다반점 짬뽕이 더 맛있어져서 돌아왔어요

효제루

주소 서울시 종로구 대학로 18, 1층

찾아가기 종로5가역에서 도보 5분

운영 시간 월요일-금요일 11:00~21:00, 토요일 11:00~15:00

주요 메뉴 및 가격

해물짬뽕 11,000원 / 탕수육(소) 22,000원 / 블랙페퍼새우 35,000 원 /
팔보채 45,000원

독특한 블랙페퍼새우, 팔보채
와 유산슬 등 요리도 개성 있게
맛있어서 지인과 한잔하기 좋
습니다.

대학로에서 맛있는 중식을 찾는다면 이곳!

합정역에 있었던 '플로리다반점'은 이름처럼 독특한 개성을 가진 중국집이었습니다. 인테리어뿐만 아니라, 짬뽕을 비롯한 음식들이 트렌디하다는 말이 딱 알맞던 곳. 그래서 문을 닫았을 때 아쉬워하는 분들이 많았죠.

2023년, 그 사장님 그 맛 그대로 종로5가에서 재오픈을 했습니다. 가게 이름은 이 동네 이름을 따서 '효제루'.

해물짬뽕

묵직한 육수를 먹을 때 혀에서 느껴지는 질감이 좋고, 간이 적당해서 밸런스가 훌륭합니다. 이런 맛을 자아내는 짬뽕이 흔치 않아요. 양파를 비롯한 야채들을 호박과 함께 볶아서 풍미가 살아 있습니다.

키다리짬뽕아저씨 픽 side menu

탕수육

'탕수육과 짬뽕'은 '탕수육과 짜장'만큼 잘 어울리지는 않지만, 이곳의 탕수육은 짬뽕과 굉장히 잘 어울립니다. 공기를 쏘이면서 튀긴 듯한 고기튀김은 비주얼이 좋을 뿐더러, 식감도 예술입니다. 그리고 볶아서 나오는 소스가 고기튀김을 코팅해서 견과류 향 같은 풍미가 있어요. 정통 탕수육과는 다른, 상당히 독특한 맛.

 짬뽕 애호가 분들도 좋아하실 맛.

since 1948

대한민국 원조 굴짬뽕 집

안동장

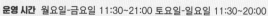

주소 서울시 중구 을지로 124
찾아가기 을지로3가역에서 도보 1분
운영 시간 월요일-금요일 11:30~21:00 토요일-일요일 11:30~20:00
주요 메뉴 및 가격
굴짬뽕 12,000원 / 삼선짬뽕 11,000원 / 간짜장 10,000원 / 군만두 8,500원

난자완스와 깐풍기도
맛있는 곳!

60

서울에서 제일 오래된 중식당

'안동장'은 책에 넣기에는 부담스러울 정도로 거물급 중식당입니다. 서울에서 제일 오래된 중식당으로 알려져 있고, 단지 오래된 정도가 아니라 우리나라 옛 대통령들이 단골이었다고 하니 역사와 함께한 중식당입니다.

가게의 위치, 실내 인테리어, 메뉴판의 글씨체, 손님들의 모습까지 점잖고 고풍스러운 느낌이 있지만 고급 중식당이라기보다 대중식당이기에 문턱도 낮아요. 그러면서도 안동장의 음식들은 요리부터 군만두 하나까지 대부분 맛있습니다.

이곳의 굴짬뽕이 우리나라 원조입니다.

굴짬뽕

단지 원조이기만 한 게 아니라, 오랜 세월 동안 퀄리티의 큰 변화 없이 우직하게 맛있습니다. 제법 튼실한 사이즈의 굴과 배추가 많이 들어가서 시원합니다. 육수의 맛을 표현하자면 '간이 있으면서도 담백하고 진한 맛'. 그러면서도 칼칼한 맛이 아주 살짝 있는데 감칠맛도 참 좋습니다. 그리고 그 맛이 처음 먹을 때부터 식을 때까지 일관되게 맛있습니다.

> 굴짬뽕은 배추가 많이 들어가서 더욱 시원해요.

키다리짬뽕아저씨 픽 side menu

군만두

여기는 어떤 요리, 어떤 식사도 기대 이상의 맛을 내지만 딱 굴짬뽕과 같이 집어 먹기 좋은 군만두를 추천해요. 웬만한 만두 전문 중식당 못지않게 훌륭한 맛을 경험할 수 있어요. 피의 파삭한 느낌, 만두소의 고기와 부추와 생강 향의 균형까지, 최고의 군만두라는 생각이 들게 해요.

짬뽕 맛 한줄평! 시원하고 담백하면서 진한 맛의, 대한민국 굴짬뽕 끝판왕!

매운 정도

탕수육 No.1 맛집이기도 하면서 굴짬뽕 맛집입니다

야래향

주소 서울시 중구 퇴계로10길 14
찾아가기 회현역에서 도보 1분
운영 시간 매일 11:30~22:00
주요 메뉴 및 가격
굴짬뽕 10,000원 / 광동식하얀굴짬뽕 11,000원 / 탕수육(소) 22,000원 /
새우볶음밥 11,000원 / 군만두 10,000원

여기 탕수육을 드셔보면, 인생 탕수육이 바뀔 수 있습니다.

용산 이촌동에도 '야래향'이 있는데 형제분이 운영하는 가게예요.

고수가 직접 볶아주는 굴짬뽕

딱 짬뽕 맛집이라고 알려드리면 안 되는 집. 이 책에는 짬뽕이 맛있는 다양한 중식당 중에서 '요리들이 맛있는' 집도 여럿 있는데, 이곳이 대표적입니다.

셰프님은 우리나라 톱클래스 중식 셰프님이시면서 원로이신 분으로 TV에 나오는 유명 셰프님들의 형님 격입니다. 그럼에도 평일 낮에 방문하면 볶음밥을 직접 볶아주시기도 합니다.

이곳 탕수육은 우리나라에서 최고로 꼽히기도 하고, 해삼주스 등의 고급 요리도 유명하지만 '야래향'은 굴짬뽕 맛집으로도 유명합니다.

굴짬뽕

기본 빨간 짬뽕이 굴짬뽕. 다른 곳의 굴짬뽕들은 하얀 '굴탕면' 스타일인 반면, 여기는 해물이 들어간 빨간 짬뽕에 굴이 적당히 들어갑니다. 그래서 살짝 맵고 간도 센 편입니다. 보통 해물짬뽕들과도 다르고, 일반적인 굴짬뽕과도 다르지만 꽤나 맛있습니다.

광동식하얀굴짬뽕

빨갛지 않은 흰 굴짬뽕도 있는데 물론 맛있습니다.

키다리짬뽕아저씨 픽 side menu

탕수육

소스가 볶아져서 나오는데, 시간이 지나고 먹어도 바삭합니다. 고기 씹는 맛은 부드러움과 쫀쫀함이 공존합니다. 소스는 시큼한 향이 살짝 있지만 입에 넣고 씹으면 달달한 맛과 조화가 좋습니다. 키다리짬뽕아저씨가 최고라고 생각하는 야래향 탕수육.

새우볶음밥

말을 덧붙일 이유가 없습니다. 역시 명불허전.

군만두

살짝 크리스피한 만두피에 부드럽고 촉촉한 만두소가 들어 있어요. 육즙도 충분합니다.

 짬뽕 맛 한줄평! 해물짬뽕과 굴짬뽕의 교집합!

 매운 정도

짬뽕 명문가 영빈루, 초마와 한 가족이에요

원흥

주소 서울시 중구 다동길 46
찾아가기 을지로입구역에서 도보 4분
운영 시간 월요일-금요일 11:00~20:00, 토요일11:00~15:00
주요 메뉴 및 가격
짬뽕 9,000원 / 고기튀김(중) 30,000원 / 탕수육(중) 30,000원

유산슬도 드셔보세요.

서울 시청 옆 도심 한복판의 작은 화교 짬뽕 맛집!

여기는 을지로입구역과 종각역 사이, 즉 서울의 center of center에 위치한 작은 중식당. 보통의 화상 중식당들이 빨간색 간판인데 이 식당은 파란색 간판이라서 독특한 매력이 있어요. 파란색 간판만 보면 찾기도 아주 쉽습니다. 서울시 중심에 이런 작은 중식당이 있다는 게 매력적입니다.

이 식당은 '전국 5대 짬뽕'으로 유명했던 평택 '영빈루'의 동생 분 가게이고요. 유명 짬뽕 맛집 '초마'의 삼촌 가게입니다. 작은 가게이니만큼 음식 종류는 적은 편이지만 그 중에서 인기 있는 메뉴는 짬뽕과 고기튀김입니다.

짬뽕

고기 육수 느낌이면서도 야채를 푸짐하게 넣고 볶아서 시원합니다. 가늘고 긴 돼지고기와 떡볶이 어묵처럼 넓적한 오징어가 들어가고, 살짝 가느다란 면발을 씁니다. 미세하게 단 느낌도 있는데, 설탕의 단맛이 아니라 볶은 야채들에서 나오는 기분 좋을 정도의 느낌이에요. 익숙한 '동네 중식당 짬뽕'과는 결이 다르지만 짬뽕 마니아뿐만 아니라, 남녀노소가 모두 맛있게 드실 수 있는 짬뽕입니다.

키다리짬뽕아저씨 픽 side menu

고기튀김

탕수육과 다른 점은 소스의 유무. 보통의 중식당들과 확연한 차이가 있는데, 튀김옷이 바삭하기보다 찰기가 느껴집니다. 고기는 굉장히 튼실하면서도 전혀 질기지가 않아요. 육즙이 느껴질 것같이 두터우면서도 부드럽게 잘 튀겼습니다. 이곳에서는 탕수육보다 고기튀김으로 시켜서 소금에 찍어 드시는 걸 추천해요.

 짬뽕 맛 한줄평!
육 향과 채수 향이 공존하면서도, 진하면서 자극적이지 않은 이곳 특유의 맛.

 매운 정도

맵고 맛있는 볶음짬뽕을 맛보고 싶다면 이곳으로

유가

주소 서울시 중구 퇴계로12길 68

찾아가기 회현역에서 도보 6분

운영 시간 월요일-금요일 11:00~21:00, 토요일 11:30~20:00

주요 메뉴 및 가격

볶음짬뽕 10,000원 / 유린기(소) 24,000원 / 탕수육(소) 18,000원 / 오향장육(소) 35,000원

서울 명동 화교 중식당의 운치를 느껴보세요.

명동 한복판에서 즐기는 매운 볶음짬뽕

명동 서울중앙우체국 근처에는 중국 대사관이 있고, 이전에는 대만의 대사관이 있었기에 이 주변은 이른바 '서울 차이나타운' 시절이 있었어요. 이제는 흔적이 흐려졌지만 아직도 정통 화교 중식당들이 여기저기 숨어 있습니다.

회현역에서 남산 쪽으로 올라가는 길에 볼 수 있는 '유가'는 외관부터 맛집임을 알 수 있는 분위기를 풍깁니다. 여러 가지 요리가 맛있는 중식당이지만 '볶음짬뽕'과 '유린기'가 인기 있어요.

맛있는 식사를 한 후 남산공원을 산책하는 코스로 가면 좋습니다.

볶음짬뽕

유가의 대표 식사 메뉴. 볶음짬뽕, 비빔짬뽕, 간짬뽕 중에서도 매운 편에 속하고, 간도 센 편인데도 맛있습니다. 단맛도 적당히 있어서 강렬한 떡볶이 맛에 가깝지만 중식답게 웍으로 볶아내서 올라오는 불 향이 좋아요.

볶음짬뽕은 비주얼도 맛도 최고!

키다리짬뽕아저씨 픽 side menu

유린기

유가의 대표 요리 메뉴. 아삭한 양상추와 간장소스, 튼실한 닭다리살 튀김, 그 위에는 푸짐한 홍고추와 청고추가 올라갑니다. 닭고기의 튀김옷, 익힌 정도, 밑간 모두 좋아요. 간장소스 역시 감칠맛과 매운맛이 있어서 점점 매워지는데, 먹으면서 느껴지는 매운맛, 단맛, 짠맛, 신맛의 조화가 인상적입니다.

 풍부한 해산물 재료와 매우면서 감칠맛이 일품인 화교 중식당의 볶음짬뽕!

since 1965

깔끔하고 세련된 맛의 짬뽕과 탕수육 명소!

신락원

주소 서울시 동대문구 전농로20길 2
찾아가기 청량리역에서 도보 15분
운영 시간 화요일-토요일 11:30~22:00, 일요일 11:30~21:00
주요 메뉴 및 가격
짬뽕 8,000원 / 삼선짬뽕 9,000원 / 탕수육(중) 21,000원 /
사천탕수육(중) 26,000원 / 몽골리안안심 30,000원

어마어마한 셰프님의 가게입니다.

고기를 좋아하시면 '몽골리안 안심'을 드셔보세요.

대통령이 되는 건 어렵지만,
대통령이 먹던 중식은 먹을 수 있어요

여기는 동네 중식당 같지만, 60년이 되어가는 긴 역사를 자랑하는 곳. 게다가 셰프님은 청와대 출신으로 호화대반점, 플라자호텔 등의 경력도 화려합니다.

그래서 좋은 요리들도 많지만 탕수육 맛집으로 이름이 났고요. 대통령이 드셨을 것 같은 짬뽕도 고급스러운 세련된 맛으로 정갈합니다.

삼선짬뽕

해물의 종류와 양이 화려하진 않아요. 빨간 짬뽕인데 별로 안 맵고, 중식인데도 기름기나 느끼함도 굉장히 적은 편이에요. 그런데 풍미가 좋고, 산뜻하면서도 담백합니다.

부드러운 맛으로 남녀노소 호불호 없이 맛있게 드실 수 있어요. 진하게 맛있는 짬뽕도 좋지만 때로는 부드러움이 강함을 이깁니다.

키다리짬뽕아저씨 픽 side menu

탕수육

볶아 먹는 탕수육이 맛있는 이유는 튀김이 특별하지 않으면 볶먹을 만들 수가 없기 때문이에요. 고기는 부드럽고, 잡내 없고, 익은 정도까지 아주 훌륭해요. 튀김옷은 다 먹을 때까지 식감이 좋습니다.

사천탕수육

매콤달콤한 사천탕수육이 아니라, 매콤한데 달지는 않고 뭔가 시큼한 맛이 살짝 생소합니다. 이 맛이 꽤 중독성 있어요.

 대통령이 먹던 담백하고, 정갈하며,
고급스러운 맛이 나는 세련된 짬뽕.

since 1948

자극적이지 않아도 맛있을 수 있어요

영화장

주소 서울시 동대문구 휘경로 3-8
찾아가기 외대앞역에서 도보 3분
운영 시간 화요일-일요일 11:30~21:00
주요 메뉴 및 가격
삼선짬뽕 12,000원 / 삼선백짬뽕 12,000원 / 고추삼선간짜장 11,000원 /
탕수육 23,000원

오랜 역사의 백년
가게입니다.

식객들이 꾸준히 찾아오는 76년 된 노포

'영화장'은 충청남도 부여에서 시작된 76년 역사의 백년가게로 1948년 처음 문을 열었
어요. 노포답게 짬뽕, 짜장면 등이 맛있으면서도 사장님이 고급 호텔에서 정통 요리
를 배우신 덕분에 각종 요리까지 맛있는 곳이에요.
단지 동네 맛집이 아니라, 식객들이 꾸준히 찾아오는 서울의 아주 유명한 중식 맛집.

삼선짬뽕

최근에 유행하는 짬뽕들과는 다른 맛. 자극적이지 않아도 맛
있을 수 있다는 걸 느끼게 해줍니다. 불맛이 적고 탁 쏘는 매
운맛도 약합니다. 하지만 오징어, 주꾸미, 조개, 소라살 등이
푸짐하고, 굴까지 들어 있어서 신선한 해물 재료의 맛과 식
감을 모두 느낄 수 있어요. 게다가 배추가 들어 있어서 시원
하면서도 진합니다.

삼선백짬뽕

신선한 해물 재료의 그윽하고 진한 맛과 시원한 맛이 공존
합니다. 실제 나가사키짬뽕과 굉장히 비슷한 맛인데, 면발은
더 좋아요.

키다리짬뽕아저씨 픽 side menu

고추삼선간짜장

춘장 향이 강하고 뻑뻑한 스타일이 아닙니다. 많이 맵지도
않아요. 청양고추로 칼칼한 느낌을 준 정도입니다. 막 볶은
양파에서 짬뽕보다 강한 불 향이 납니다. 남녀노소 모두 맛
있게 드실 수 있을 정도로 밸런스가 좋습니다.

탕수육

서울 3대 탕수육으로 꼽히며, 먼 곳에서도 탕수육을 먹으러
찾아옵니다. '소스가 투명하고 배추가 올라간 부먹 탕수육'이
라고만 표현해도, 어떤 스타일인지 감이 올 거예요. 양은 살
짝 적지만, 튀김은 잡내 없이 정갈하고, 부드러움과 아삭함
의 중간쯤에 있는 적당한 식감입니다. 먹을수록 점점 맛있어
집니다.

 짬뽕 맛
한줄평!
자극적이지 않은데 맛있고,
시원한데 진한 국물에 해물 향이 가득한 짬뽕.

 매운
정도

용산구의 짬뽕 마니아 분들께는 이미 유명한 집

금천문 & 오향족발

주소 서울시 용산구 한강대로 268, 1층

찾아가기 남영역에서 도보 4분

운영 시간 월요일-토요일 16:20~22:40

주요 메뉴 및 가격

흑돼지해물짬뽕 15,000원 / 오향족발(대) 42,000원 / 오향불족 43,000원 /
반반족발 43,000원

다른 중식 요리들도
맛있어요.

족발집에서 파는 용산 최고의 짬뽕!

서울의 중심 용산, 그중에서도 남영 삼거리 대로변에 위치한 '금천문&오향족발'은 가게 이름에서 알 수 있듯이 족발집이면서 중식당입니다. 족발의 경우 중식 족발이 아니라 불족발, 오향족발 같은 우리나라식의 족발을 팝니다.

족발을 판다고 짬뽕이 맛없을 거라고 생각한다면 섣부른 판단입니다. 이곳의 짬뽕은 수준이 상당합니다. 용산은 오랜 화상 중식당도 많고, 짬뽕 전문점도 많지만 '금천문&오향족발'은 짬뽕만으로도 용산구에서 최고 수준으로 꼽을 수 있습니다. 밖에서는 가게가 좁아 보이지만 실내가 안쪽으로 길어서 작은 가게는 아닙니다.

흑돼지해물짬뽕

다른 음식 없이 이 짬뽕만 드셔도 수준이 상당하다는 걸 느낄 수 있어요. 첫 국물을 입안에 넣을 때부터 임팩트가 있는 스타일. 육수가 농후하고 묵직한 느낌이 있어서 "우와~" 하고 감탄을 하게 됩니다. 기본적으로 간이 아주 좋아요.

돼지고기가 많이 들어갔는데 제주도산 흑돼지라고 하고요, 오징어, 바지락, 잘 볶은 야채들도 풍부하게 들어가 있어 푸짐합니다. 면발은 부들거리는 느낌이 있는 기분 좋은 맛으로 전체적으로 꽉 찬 느낌입니다.

> 짬뽕의 푸짐한 건더기는 볶은 느낌이 참 좋아요.

키다리짬뽕아저씨 픽 side menu

반반족발

다른 요리를 드실 거면, 족발 맛집이니 중식 요리보다 족발을 드셔보세요. 반반족발은 오향족발과 불족발이 반반 섞여 있습니다. 직접 삶은 오향족발은 보통의 족발집보다 살짝 더 맛있는 느낌이 있고, 불족발의 경우 그냥 맵기만 한 게 아니라 '중식 요리사'님이 만드신 만큼 야채들과 함께 웍으로 볶은 느낌이 있어서 불 향이 가득 납니다. 쫀쫀한 맛은 두말할 필요가 없습니다.

 짬뽕 맛 한줄평! 진하고 걸쭉한 육수, 풍부한 돼지고기와 오징어, 센 간, 푸짐하면서 진득한 맛. **매운 정도**

since 1956

탕수육이 맛있기로 유명한 집

명화원

주소 서울시 용산구 한강대로 202
찾아가기 삼각지역에서 도보 1분
운영 시간 화요일-토요일 11:00~15:00
주요 메뉴 및 가격
짬뽕 7,000원 / 짜장면 6,000원 / 탕수육(중) 18,000 원 / 군만두 8,000원

서울 한복판에서 노포의 정취를
느끼며 짬뽕을 드셔보세요.

서울의 옛날 짬뽕은 이런 맛이 아닐까

서울 사람들이 어렸을 때 먹던 짬뽕은 딱 이런 맛일 것 같아요. 육수는 묵직하지 않고, 칼칼하고, 간은 슴슴한 듯 적당합니다. 요새 인기 있는 육 향과 불 향이 가득 있는 짬뽕과는 거리가 먼, 하지만 뭔가 노스탤지어를 자극하는 깔끔한 옛날 맛 짬뽕.

고기는 전혀 없고 야채와 오징어 등의 해물이 들어 있어요. 다소 심플하게 느껴질 수 있지만 이런 짬뽕을 좋아하는 분들이 적지 않아 소개합니다.

키다리짬뽕아저씨 픽 side menu

탕수육
굉장히 익숙한 맛으로 옛날에 맛있는 그 맛입니다. 고기로 가득한 느낌은 아니지만 감자 전분 튀김옷이 주는 바삭함이 너무 좋고, 소스의 맛도 추억을 자극해요. 명화원에서는 꼭 먹어봐야 하는 메뉴입니다.

탕수육 맛집으로 유명해요.

군만두
보기에도 먹음직스러운 군만두. 오랜 화교 중식당 군만두이지만 만두피는 두껍지 않고 바삭한 편입니다. 속이 빽빽하게 차 있지는 않지만 육 향이 좋고, 육즙도 터집니다. 서울의 작은 노포, 산동 출신 사장님의 중식당에서 직접 만든 매력 있는 군만두를 드셔보세요.

오징어와 야채 등으로 칼칼하고 깔끔하게 볶은, 서울식 옛날 맛의 노스탤지어 짬뽕.

chain store

홍콩반점0410의 근본을 맛보고 싶다면

홍콩반점0410(본점)

주소 서울시 용산구 백범로90길 38, 2층

찾아가기 삼각지역에서 도보 8분

운영 시간 매일 11:00~21:00

주요 메뉴 및 가격

짬뽕 7,800원 / 고기짬뽕 9,500원 / 고기짜장 8,500원 / 탕수육(소) 16,800원 /
멘보샤 9,900원

용산 본점은 '홍콩분식'과
같이 있습니다.

짬뽕인들에게 의미 있는 식당

맛있는 짬뽕을 기대하고 중식당에 갔는데, '이게 짬뽕인가? 과연 볶기나 한 걸까?' 하
며 절망한 경험이 있으실 거예요. 딱 그럴 때 '홍콩반점0410'이 전국 여기저기서 좋은
처방을 내립니다.

'언제 어디서나 어느 정도 이상의 퀄리티가 개런티된 짬뽕을 먹을 수 있다'는 게 홍콩
반점의 장점. 또한, 꾸준히 새로운 메뉴를 연구하고 시도하는 곳이에요.

논현동 본점이 현재 용산구 문배동으로 이사왔어요. 본점과 지점의 편차가 적다고 하
더라도 본점을 찾아가는 건 의미 있는 일이죠.

짬뽕

개성 있는 맛집에 비해 특출나진 않지만, 딱 이런 짬뽕이 필요할 때가 있죠. 오징어와 맛을 내기 위한 약간의 홍합이 들어가고 양배추, 당근, 부추 등 볶은 야채가 풍성합니다. 식감과 간이 딱 좋습니다. 모자람 없는 일정한 면발, 과하지 않은 불맛. 대단하진 않지만 부족함이 없는 스탠다드 짬뽕입니다.

고추짬뽕&고기짬뽕

일반 짬뽕으로는 허전하다면 고추짬뽕과 고기짬뽕을 추천해요. 기본 짬뽕에 유슬고기가 푸짐하게 올라갑니다. 유슬고기는 밑간도 되어 있어서 맛있고 국물과의 조화도 좋아요. 밥 말아 먹고 싶은 그 맛.

고기짬뽕은 꽤나 드셔볼 만합니다.

키다리짬뽕아저씨 픽 side menu

탕수육

부먹. 크리스피하진 않지만 튀김옷이 보슬보슬해요. 묵직한 고기의 익힌 정도와 퀄리티가 예상을 뛰어넘어요. 고기 밑간이 좋아서 소스나 간장을 찍어 먹지 않아도 맛있습니다.

멘보샤

비주얼도 좋고 가성비도 좋아요. 새우살이 탱글하진 않지만 충분히 들어갔고, 밑간이 맛있어서, 멘보샤 입문용으로도 충분해요. 멘보샤는 꽤 좋은 튀김 요리입니다.

 정확한 재료들을 정확하게 볶아낸 스탠다드 짬뽕.

대표 부촌 동네의 짬뽕은 어떨까?

가담

주소 서울시 강남구 언주로167길 35
찾아가기 압구정역에서 도보 2분
운영 시간 매일 11:20~21:30
주요 메뉴 및 가격
삼선짬뽕 11,000원 / 고추탕수육 37,000원 / 잡채밥 11,000원 / 짜장면 10,000원

이곳은 다양한 요리가 좋은
중식당입니다.

실내가 예스러우면서도 깔끔해서
분위기가 좋아요.

강남 한복판에도 고풍스런 옛날식 화교 중식당이 있습니다

우리나라 대표 부촌 압구정역 바로 옆. 고급 중식 레스토랑이 어울리는 동네지만 '가담'이라는 정다운 화상 중식당이 오랜 기간 주민들에게 사랑을 받고 있습니다. 고즈넉한 듯 클래식한 가게 내·외관이 맛집의 포스를 뿜어냅니다. 짬뽕 맛집이라기보다는 다양한 요리가 맛있는 중식당이지만 이곳의 짬뽕 맛 역시 이 동네 특유의 분위기를 풍깁니다.

삼선짬뽕
보기 드물게 개운하면서 맛있습니다. 자극적이지 않고 차분한 맛으로 '중식 초마면'의 느낌이 확연합니다. 갓 볶은 야채들과 죽순이 아삭하고, 오징어와 낙지의 신선함과 익힌 정도도 적당해요. 깔끔한 짬뽕을 좋아하시는 분들께는 최고의 짬뽕이 될 수 있어요.

키다리짬뽕아저씨 픽 side menu

고추탕수육
이 식당은 다양한 요리가 있지만 '고추탕수육'이라는 이 독특한 탕수육이 대부분의 테이블에 올라가 있습니다. 보통의 '사천탕수육'이 아닌 이곳만의 시그니처 요리. 크리스피한 누룽지와 함께, 납작하게 튀긴 고기튀김은 질기지 않고 씹는 느낌이 좋아요. 파와 함께 올라간 고추는 중국 고추와 우리나라 고추 두 가지로, 맵지 않지만 알싸한 향이 매력 있어요.

짜장면
아주 평범한 짜장면인 것 같지만, 부대낌 없이 고소하고 깔끔합니다. 건더기가 굵직굵직해서 실망감 없이 드실 수 있어요. 탕수육과 함께 먹기에는 안성맞춤입니다.

 갓 볶은 느낌이 좋은 야채들과 신선한 해물, 칼칼하고 시원해서 세련된 느낌의 깔끔한 짬뽕.

since 1996

먹어보면 '이래서 유명하구나'를 알게 됩니다

대가방

주소 서울시 강남구 봉은사로 333 모아엘가 퍼스트홈 2층
찾아가기 선정릉역 바로 앞
운영 시간 화요일-금요일 11:00~21:30, 토요일 11:00~21:00
주요 메뉴 및 가격
해물짬뽕 13,000원 / 유니짜장 8,500원 / 돼지고기탕수육 33,000원

가성비 식당은 아니니
조심하세요.

작은 중식당에서 미쉐린 식당이 되기까지에는
짬뽕과 탕수육이 있었다!

대장리 셰프님의 '대가방'은 서울 강남에서도 고급 중식당이면서도, 미쉐린 식당으로
선정된 적이 있는 맛집. 압구정동의 작은 중식당으로 시작한 곳이 이제는 선정릉역
사거리에 있는 큰 중식당이 됐어요.

코스 요리와 고급 요리가 유명한 식당들 중에는 탕수육, 짜장면, 짬뽕은 오히려 평범
한 집도 많지만, 이곳은 탕수육 맛집으로 우리나라에서 손꼽히는 집입니다. 처음부터
대형 중식당이 아니라 작은 중식당으로 시작했기에 짬뽕과 짜장면도 맛있어요.

해물짬뽕

첫 국물부터 '이 짬뽕 참 맛있다'는 생각이 듭니다. 불 향이 강하고 육수가 진한 요새 인기 있는 짬뽕 스타일은 아니에요. 호텔 짬뽕처럼 부드럽고 세련된 맛도 아니에요. 해물의 푸짐함으로 승부하는 짬뽕도 아니고요. 그런데도 채수와 해물이 어우러진 맛과, 매우 훌륭한 간, 딱 기분 좋은 면발의 식감이 어우러져서 "고급 중식당인데 짬뽕도 맛있네!"를 외치게 됩니다.

키다리짬뽕아저씨 픽 side menu

탕수육

유명한 명성 때문에 갔는데 막상 가서 먹어보면 실망스러운 맛이 아닙니다. '와, 이래서 유명하구나'를 계속 생각하게 됩니다. 튀김옷에 코팅되어 있는 소스는 마치 강정을 연상시킵니다. 튀김옷은 시간이 지나도 눅눅해지지 않고, 튼실한 고기는 놀랍게 부드럽습니다.

유니짜장

탕수육의 영원한 친구 짜장면. 이 식당에서 가장 저렴한 식사이지만 아주 맛있습니다. 짜지도 않고, 달지도 않고, 춘장 향이 강한 편이 아닌데도, 계속 손이 갑니다.

짬뽕 맛 한줄평! 눈으로 보기에는 평범해 보이지만 첫맛부터 끝까지 아주 맛있는 대단한 짬뽕.

매운 정도

chain store

업그레이드된 불맛 짬뽕의 명가

일일향

주소 서울시 강남구 도산대로35길 39, 1층~2층

찾아가기 압구정역에서 도보 5분

운영 시간 매일 11:30~21:30

주요 메뉴 및 가격

불맛짬뽕 13,000원 / 옛날볶음밥+후라이 11,000원 / 육즙탕수육 40,000원

탕수육의 고기튀김은 소금에
찍어 먹고 싶을 정도!

요새 맛있는 서울 짬뽕의 표준!

지점이 여럿 있는 일일향은 압구정동에서 시작된 서울 강남 기반의 맛있는 중식당.
다양한 메뉴가 고급스럽게 맛있는 중식당이면서도 지점마다 편차가 적은 높은 퀄리
티의 짬뽕을 자랑합니다. 불맛 나는 짬뽕만으로도 유명한 집이에요. 이 책에서는 짬
뽕과 볶음밥 그리고 탕수육을 소개합니다.

불맛짬뽕

최근 가게가 리모델링되면서 원래도 맛있던 짬뽕이 업그레이드됐어요.

짬뽕 위에 얇은 차슈가 올라가면서 비주얼이 달라졌어요. 하지만 여기 짬뽕 특유의 강하면서도 깔끔한 불 향과 임팩트 있게 치고 빠지는 매콤함은 여전합니다.

차슈 밑에는 잘게 썬 돼지고기와 오징어, 새우 등의 건더기가 있어요. 호박, 당근, 양파를 불맛 나게 볶았는데 간이 센 국물과의 밸런스가 좋아요.

이 짬뽕, 참 잘 만들었다는 생각이 들면서도 먹은 후에 더부룩하지 않고 개운해요. 서울에 온 외국인에게 빨간 짬뽕을 소개하고 싶다면 이곳이 제격입니다.

키다리짬뽕아저씨 픽 side menu

옛날볶음밥

전형적으로 맛있는 옛날 중식 볶음밥의 표준화 버전 같은 느낌. 짜장 없이 먹어도 맛있고, 불 향과 간, 고슬고슬한 식감까지 딱 옛날 중식당의 맛있는 그 맛입니다. 양이 살짝 적지만 역시나 지점 편차 없이 일관되게 맛있어서 믿고 먹을 수 있어요.

탕수육

말하자면 '찍먹 육즙 탕수육'의 정석이 아닐까. 고기는 두껍고 튀김옷은 얇은데 아주 적절하게 익혀서, 돼지고기의 부드러운 맛이 강조됐어요. 마치 최근에 유행하는 프리미엄 돈카츠를 연상케 합니다. 소스는 상대적으로 심플합니다. 여성분들도 좋아할 맛이에요.

짬뽕 맛
한줄평!

깔끔하면서도 강한 불 향,
정갈한 서울 짬뽕의 표준.

매운
정도

since 1925

강남 한복판에서 맛보는 야키우동

홍운장

주소 서울시 강남구 삼성로 341 인애빌딩 1층
찾아가기 대치역에서 도보 16분
운영 시간 화요일-일요일 11:30~21:30
주요 메뉴 및 가격
삼선짬뽕 14,000원 / 야키우동 12,000원 / 탕수육(소) 26,000원 / 군만두 8,500원

서울 대치동 한복판에서 만날 수 있는 100년 식당의 정취.

대치동에서 만날 수 있는 100년 역사의 중식당

서울 강남에서 99년 된 중식당을 만날 수 있는 이유는 홍운장이 신의주에서 내려왔기 때문이에요. 6.25 이후 사장님은 대구에서 장사를 하다가 서울 서초동을 거쳐 대치동에서 꾸준히 영업을 하고 계세요. 덕분에 서울 강남에서 대구의 중식 '야키우동'을 먹을 수 있어요.

음식 가격이 살짝 비싼 편이지만 이 지역에서 이런 노포 화상 중식당 감성을 느낄 수 있다는 건 무조건 좋은 일입니다.

야키우동

중국과 일본의 영향을 받은 한국식 중식 메뉴. 대구에서 시작된 메뉴로 자극적이지 않은 볶음짬뽕이나 비빔짬뽕이라고 생각하시면 대략 비슷해요.
무난한 비주얼로 유슬고기, 새우 등의 재료가 깔끔하고, 버섯, 당근, 양파 등의 볶은 정도가 은은하고 간도 온화한 편입니다.

삼선짬뽕

일반 짬뽕보다 '삼선짬뽕'이 좋은 집이에요. 삼선짬뽕치고 해물이 푸짐한 편은 아니지만 버섯, 브로콜리, 청경채, 죽순, 피망 등의 신선한 재료를 큼직큼직하게 볶아서 고급스러운 맛이 나요. 어딘가 '호텔 짬뽕' 느낌이 나는, 우리가 아는 세련된 맛이에요.

키다리짬뽕아저씨 픽 side menu

탕수육

평범해 보이지만, 좋아하실 분들이 많아요. 손가락 모양의 고기튀김은 바삭하기보다 쫀쫀한 스타일이라서 식은 후에도 맛있어요. 소스는 케첩이 들어가지 않은 맛으로 시큼하고 달달한 옛날식이에요.

군만두

육 향, 부추 향에 육즙까지 있는 좋은 애피타이저.

짬뽕 맛
한줄평!
군더더기 없는 재료들을 깔끔하게 볶아낸, 대구식 볶음짬뽕.

매운
정도

관악구 짬뽕의 프라이드

팔공

주소 서울시 관악구 남부순환로 1680
찾아가기 봉천역에서 도보 5분
운영 시간 월요일-토요일 11:20~21:30
주요 메뉴 및 가격
팔공해물짬뽕 12,000원 / 옛날고기짬뽕 11,000원 / 짜장면 9,000원 /
생등심탕수육(소) 24,000원

평일에 가셔도 줄 설 각오는
하셔야 해요.

짬뽕 마니아들에게는 굉장히 유명해서 멀리서도 찾아오는 가게

2018년 개업 이후, 이 근방 짬뽕계의 절대 강자로 자리매김했어요. 80년대생 사장님
이라서 '팔공'이라는 후문. 점심부터 저녁까지 줄이 아주 긴 가게인 걸 숙지하시고 방
문하세요.
입구는 좁지만 들어가면 테이블이 족히 10개가 넘습니다. 짬뽕으로 유명하지만 요리
들까지 전부 다루고, 줄을 서는 가게이지만 혼자서 식사하는 분들도 적지 않아요.

옛날고기짬뽕

첫 국물부터 기분 좋게 맛있는 고기짬뽕의 전형. 국물이 묵직하면서도 짜지 않고, 매운맛도 과하지 않아요. 잘 볶은 양파, 숙주, 버섯, 부추 등의 야채가 수북이 쌓여 있고, 고기의 양도 푸짐해요. 억지 불 향이 아니라, 재료를 잘 볶아 맛있는 불맛이 올라와요. 면발까지 골고루 다 좋아서 밸런스가 잘 잡힌 짬뽕.

팔공해물짬뽕

키짬이 선택한 짬뽕. 기본적인 국물 맛의 방향은 고기짬뽕과 비슷하지만, 재료가 달라서 느낌이 달라요. 역시 야채와 해물이 수북이 쌓여 있어요.
취향에 따라서 골라 드시되 전체적인 방향성은 비슷합니다.

키다리짬뽕아저씨 픽 side menu

짜장면

간짜장은 아니지만 큼직큼직한 재료가 바로 볶아 나와서 맛있기로 유명합니다. 달걀프라이가 올라가 있고 짬뽕처럼 면발까지도 좋아서, 아주 맛있습니다.

탕수육

양상추, 양배추, 당근 등의 야채가 채 썰어져 올라간 게 포인트. 적당한 사이즈의 고기튀김을 씹는 맛이 좋아요. 꽤 괜찮은 부먹 탕수육입니다.

 푸짐한 내용물이 기분 좋게 볶아져 수북이 쌓여 있고, 묵직한 육수에 간까지 좋은 이 지역 최고의 짬뽕.

산동 출신 화교 셰프님의 짬뽕 맛은 어떨까?

동흥관

주소 서울시 금천구 시흥대로63길 20
찾아가기 금천구청역에서 도보 6분
운영 시간 월요일-토요일 11:00~21:30, 일요일 11:00~21:00
주요 메뉴 및 가격
삼선짬뽕 12,000원/ 활조개짬뽕 13,000원 / 차돌짬뽕 12,000원 /
만두류 6,500~7,000원

서울을 대표하는 대형 중식당 중의 한 군데예요.

다양한 만두를 드셔볼 수 있어요.

지역을 대표하는 유서 깊은 중식당의 짬뽕을 즐겨보세요

서울의 대표적인 노포 화상 중식당 중의 한 군데. 70년이 넘는 역사 동안 쉬지 않고 같은 자리에서 영업한 지역 대표 중식당으로 사장님은 산동 출신의 화교 분이세요. 요리사가 10명이 넘는데 모두 산동 출신이라고 합니다.

다양한 요리, 다양한 만두, 다양한 소품을 파는 대형 중식당의 경우 짬뽕은 평범한 가게도 많지만 이곳의 삼선짬뽕은 비주얼부터 맛까지 훌륭합니다.

삼선짬뽕

압도적인 해물의 비주얼이 눈을 사로잡습니다. 갑오징어, 오징어, 주꾸미, 소라살, 새우 등의 해물들은 푸짐하면서도 큼직큼직합니다.

그보다 더욱 인상적인 건 육수의 맛입니다. 맵고 진하고 간이 세면서도 불 향은 심하지 않은데, 보통 짬뽕의 칼칼함과는 다른 묵직하면서 두터운 맛이 있어요. 최근 유행하는 맛있는 짬뽕과는 결이 살짝 다르지만, 녹진한 해물 향이 상당히 맛있게 느껴집니다.

키다리짬뽕아저씨 픽 side menu

샤오룽빠우, 산동파우즈, 멘빠우샤

대형 중식당답게 만두부가 따로 있다는 것도 장점. 짬뽕과 같이 먹기에는 요리보다 작은 소품 '만두류'도 좋겠죠.

육즙이 풍부한 샤오룽빠우는 가성비가 좋습니다. 산동파우즈는 고기 찐만두인데 큼지막한 게 3알이나 나와서 나눠 먹기 좋고, 삼각형 모양의 멘빠우샤도 다른 식당들과 달라서 맛보실 만합니다.

 보통 짬뽕들과는 다른,
해물 향이 진하고 맵고 진득한 요리 같은 짬뽕

도봉구 짬뽕 맛집의 자존심

창동짬뽕

주소 서울시 도봉구 노해로63길 84
찾아가기 창동역 바로 앞
운영 시간 화요일-일요일 11:30~21:00
주요 메뉴 및 가격
짬뽕 9,000원 / 고기짬뽕 11,000원 / 삼선고추간짜장 10,000원 / 탕수육 17,000원

교통이 아주 좋은
식당이에요.

동네 이름을 딴 평범한 식당 같지만
맛있기로 유명한 집입니다

1호선과 4호선이 교차하는 창동역 바로 앞, 유동 인구가 아주 많은 곳에 위치한 '창동
짬뽕'은 중식 맛집이 상대적으로 적은 서울 도봉구의 대표적인 짬뽕 맛집.
짬뽕은 최근에 유행하는 맛이 아니라, 딱 이곳만의 맛이 명확해서 훌륭합니다. 짜장
면 역시 TV에 소개될 만큼 유명하고, 탕수육도 깔끔하고 정갈합니다.

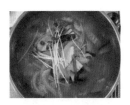

짬뽕

여기만의 맑고 깔끔하게 매운맛이 있는데, 기본 짬뽕만으로도 좋은 느낌을 받을 수 있어요. 깔끔한 스타일이면서도 아주 칼칼한 이곳만의 감칠맛을 느껴보세요.

고기짬뽕

불 향이 세고 육 향이 느껴지는 국물 맛은 일반 짬뽕과 다르지만 역시나 걸쭉한 국물은 아닙니다. 고기는 푸짐하고, 야채를 볶은 느낌과도 잘 어울려요. 여성 분들보다 남성 분들이 좋아하실 만한 국물 맛이에요.

키다리짬뽕아저씨 픽 side menu

삼선고추간짜장

삼선답게 오징어, 새우, 해물 등의 재료가 들어 있어요. 간짜장답게 막 볶아 나온 소스도 꾸덕해요. 고추가 들어 있지만 맵지 않고, 단맛이 없지는 않아요. 춘장의 간, 살짝 맵고 달달한 밸런스도 좋고, 면발도 좋아서, 남녀노소 모두 좋아할 맛.

탕수육

찍먹 스타일 중에 깔끔하고 좋은 편. 얇은 튀김옷에 두껍고 길쭉한 고기를 알맞게 튀겨내어, 라이트한 소스에 찍어 먹습니다.

짬뽕 맛 한줄평! 풍부한 해물 재료와 막 볶아 나온 느낌이 충만한 창동의 짬뽕.

매운 정도

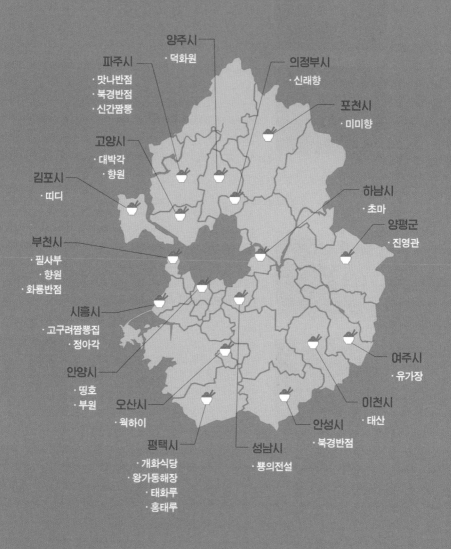

양주시
· 덕화원

파주시
· 맛나반점
· 북경반점
· 신간짬뽕

의정부시
· 신래향

포천시
· 미미향

고양시
· 대박각
· 향원

김포시
· 띠디

하남시
· 초마

양평군
· 진영관

부천시
· 필사부
· 향원
· 화롱반점

시흥시
· 고구려짬뽕집
· 정아각

여주시
· 유가장

안양시
· 띵호
· 부원

오산시
· 웍하이

이천시
· 태산

안성시
· 북경반점

평택시
· 개화식당
· 왕가동해장
· 태화루
· 홍태루

성남시
· 뽕의전설

경기도

경기도는 인구수 1,300만 명이 넘는 우리나라 최고의 광역 도시입니다. 중식의 메카 인천과 수도 서울을 둘러싸고 있어서 맛집의 수준도 높은데 짬뽕 맛집의 수도 많아요. 게다가 평택시부터 부천시까지는 전통적으로 중식이 맛있는 지역입니다.

중식 맛집과 짬뽕 맛집을 맛있는 순서대로 줄 세우는 건 불가능하지만 오랜 역사의 정통 맛집, 개성 있는 맛집, 특별한 짬뽕을 파는 집은 소개할 수 있어요. 경기도의 짬뽕 맛집 27곳을 소개합니다.

맛과 정성이 모두를 사로잡은 집

대박각

주소 경기도 고양시 일산서구 강성로 115 금강빌딩 115호
찾아가기 주엽역에서 도보 2분
운영 시간 수요일-일요일 11:00~21:00
주요 메뉴 및 가격
찐소고기짬뽕 12,000원 / 삼선갓짜장 9,000원 / 흑돼지탕수육 28,000원

최근 메뉴판에 깐풍기와 굴짬뽕이 추가되었어요. 탕수육은 비주얼만 봐도 그 맛을 알겠죠?

현 시점 가장 핫한 짬뽕, 간짜장 맛집

호텔 주방장 출신 사장님이 작은 가게를 열어서 탕수육과 짜장, 짬뽕을 직접 볶는데, 그 맛과 정성이 이미 모두를 사로잡은 집입니다.

일산 마두역 근처에 가게를 처음 열어, 2023년 주엽역으로 이전했지만 가게는 여전히 크지 않아요. 실내에는 오직 테이블 3개가 전부이고요. 오픈된 주방을 바라보며 앉아서 먹을 수 있는 카운터석 10여 개가 다입니다. 그만큼 대기는 필수이고요, 오픈런이나 예약 앱을 통해서 가실 수 있어요.

찐소고기짬뽕

묵직한 국물이 맵고 간도 센 편인데, 야채와 재료들을 잘 볶아서 많이 맵거나 짜게 느껴지지 않습니다. 차돌박이는 화룡점정. 차돌박이가 많아서 맛있는 게 아니라, 아주 적당량 들어 있어서 맛있습니다. 야채는 숙주, 양파, 부추, 죽순, 버섯, 파, 당근 등으로 산더미처럼 쌓여 있는 것처럼 보이지만 양이 심하게 많진 않고 푸짐한 정도입니다. 키다리짬뽕아저씨의 주관적인 '전국 12대 짬뽕!'

키다리짬뽕아저씨 픽 side menu

삼선갓짜장

노포 중식당 간짜장 맛집처럼 꾸덕하고 되직합니다. 하지만 슴슴하고 고소한 게 아니라 불맛, 간, 감칠맛이 모두 센 편입니다. 볶은 향, 기름 향도 모두 풍부하고, 경상도 지방의 간짜장처럼 달걀프라이도 올라가 있어요. 이름에서 엿볼 수 있듯이 해물과 고기도 들어 있어서 모두를 만족시킬 수 있습니다.

짬뽕 맛 한줄평! 키다리짬뽕아저씨의 전국 12대 짬뽕! 무슨 평가가 더 필요한가.

매운 정도

호텔 수준의 중식을 작은 중식당에서 즐겨보세요

향원

주소 경기도 고양시 덕양구 무원로36번길 15-2

찾아가기 행신역에서 도보 8분

운영 시간 화요일-일요일 11:30~21:00

주요 메뉴 및 가격

해물고추짬뽕 9,500원 / 탕수육 18,000원 / 깐풍기(소) 29,000원 /

기아해삼(소) 50,000원

요리는 두말할 것 없이
맛있습니다.

경력과 내공이 끝내주는 화교 셰프님의 짬뽕

짬뽕만으로도 이미 오랜전에 TV 프로그램에 출연했을 정도로 맛있는 집인데 다른 요리까지도 훌륭한 곳입니다.

이곳의 오너 셰프인 학금성님은 화교 분으로 중식계에서는 이미 유명합니다. '향원'에서는 아드님과 번갈아 조리를 하시는데, 아드님도 솜씨가 좋으세요. 그런 만큼 반드시 다양한 요리를 함께 드셔보세요.

해물고추짬뽕

자극적이지 않아요. 해물고추짬뽕이지만 삼선짬뽕처럼 다양한 해물이 많이 들어간 건 아닙니다. 큼지막한 호박과 버섯들, 야채들을 은은하게 볶아서 낸 국물은 간이 맛있고 시원합니다. 잘하는 중식당답게 면발 역시 매끈하면서 씹는 맛이 좋아요. 여성 분들, 노인 분들도 아주 맛있게 드실 수 있는 세련된 짬뽕!

키다리짬뽕아저씨 픽 side menu

탕수육

정통파 탕수육답게 시큼한 향이 확 올라옵니다. 튀김은 바삭하면서도 안쪽은 부드러워서, 촉촉하게 쫘악 하고 씹는 느낌이 좋아요.

기아해삼

마음먹고 가신 거면 기아해삼'을 드셔보세요. 원래는 '오룡해삼'이라고 불리는 음식인데, 동그란 완자를 해삼으로 감싸고 튀겨서 난자완스소스로 볶은 메뉴예요.
굉장히 비싼 음식이지만 이곳에서는 상대적으로 저렴한 가격으로 드실 수 있어요.

 짬뽕 맛 한줄평! 자극적이지 않으면서도 고급스럽고 시원한 맛.

등장하자마자 화제가 된 식당

띠디

주소 경기도 김포시 김포한강8로 416, 1층 101호
찾아가기 구래역에서 도보 10분
운영 시간 월요일-일요일 11:00~15:00, 매주 화요일 휴무
주요 메뉴 및 가격
짬뽕 13,000원 / 짜장면 9,900원 / 고추짜장 11,000원 / 탕수육 10,000원

낮 영업만 하시는 거 알아두세요.

프렌치 셰프가 짬뽕을 만든다면 어떤 맛일까?

등장하자마자 짬뽕, 짜장 마니아들에게 화제가 되고 있는 중식당, 김포 '띠디'. 작은 식당으로 완벽한 오픈 키친입니다. 분위기도 트렌디하고, 사장님도 젊으시지만, 짬뽕도 짜장도 탕수육도 개성 있으면서 맛있어요. 다른 중식당과는 완전히 다른 맛을 선보입니다.

알고 보니 사장님이 프렌치 셰프 출신이었는데요. 짬뽕을 너무 좋아해서 도전하셨다니 맛있을 수밖에!

짬뽕

산처럼 쌓여 있는 가리비, 조개, 주꾸미, 오징어가 눈을 즐겁게 합니다. 양파, 청경채 등의 야채들이 해산물과 함께 한 그릇씩 바로 볶아서 나옵니다. 뭔가 색다른 매운맛이 있는데, 식어도 안 짜서 좋아요. 직접 드셔봐야 아는 맛입니다.

키다리짬뽕아저씨 픽 side menu

짜장면

짬뽕이 해물 파티였다면, 짜장은 고기 파티. 튼실한 돼지고기가 아주 큼직하게 썰어져 있고 양파 등의 야채도 큼지막합니다. 간짜장처럼 갓 볶아 나오는 스타일. 심한 단짠은 아니어서 더 마음에 들어요. 면발은 숙성 면도 선택할 수 있어요. 가격에 비해서 돼지고기가 아주 풍성합니다.

탕수육

얇은 튀김옷을 입은 아주 튼실한 돼지고기튀김이 덩어리째 나와요. 굉장히 부드러워서 당연히 안심인줄 알았는데 안심이 아니라고 합니다. 그런데도 이렇게 부드러울 수가!
소스에 찍어 먹어도 좋지만, 소금에 찍어 먹고 싶은 맛.

탕수육 고기튀김이 고급 돈카츠 수준.

짬뽕 맛 한줄평! 압도적인 비주얼, 푸짐하고 신선한 해물, 강한 불맛, 그러면서도 세련된 맛.

매운 정도

와, 이 백짬뽕 뭐지?

필사부

주소 경기도 부천시 소사구 중동로 30
찾아가기 중동역에서 도보 8분
운영 시간 월요일-토요일 11:00~20:30
주요 메뉴 및 가격
사천백짬뽕 8,000원 / 해물백짬뽕 9,500원 / 대만상창볶음밥 10,000원 /
탕수육(소) 16,000원

일반 메뉴판 말고 추천 요리에
써 있는 음식을 드셔보세요.

부천이 '중식이 맛있는 도시'인 건 이런 식당이 있어서입니다

부천 '필사부'는 키다리짬뽕아저씨가 제일 좋아하는 스타일의 식당. 크지 않은 화상
중식당, 웬만큼 이상 된 업력, 다양한 요리부터 짬뽕 및 식사들까지 개성 있게 맛있는
진득한 식당입니다. 빨간 짬뽕도 맛있지만 이곳의 백짬뽕은 짬뽕 마니아들에게 굉장
히 유명해요.

사천백짬뽕

아직 백짬뽕을 한번도 드셔보지 않았다면 여기에서 시작해
보세요. 묵직하면서도 매콤, 칼칼한 육수는 시원하기까지 하
고, 간과 감칠맛도 좋아요. 홍합, 오징어, 새우 등의 해물의
양이 아주 많은 건 아니지만 품질이 좋고 버섯, 양파, 호박,
당근 등의 볶은 느낌과 어우러져서 최상의 밸런스를 냅니다.

해물백짬뽕

해물이 좀 더 풍부하고, 매운맛이 적은 시원한 백짬뽕. 사천
백짬뽕과는 다른 맛입니다.

키다리짬뽕아저씨 픽 side menu

탕수육

화상 중식당을 찾아가면 좋은 이유는 케첩이 없는 투명하고
달달한 소스의 탕수육을 맛볼 수 있기 때문입니다. 잡내 없
는 고기에, 부엌인데도 바삭하고 쫀득한 식감을 경험해보세요.

대만샹창볶음밥

대만 소시지 '샹창'이 들어 있는 볶음밥은 고기 대신 소시지
가 들어간 식사 메뉴예요. 반숙 달걀프라이, 불 향, 기름 코
팅, 간, 밥알의 고슬고슬함까지 다 좋은 최고의 볶음밥입니다.

짬뽕 맛 한줄평! 묵직하면서 칼칼하고, 시원하면서 감칠맛 좋은,
누구에게나 최고인 백짬뽕.

부천역의 훌륭한 짬뽕, 간짜장, 멘보샤

향원

주소 경기도 부천시 원미구 부일로445번길 4-1
찾아가기 부천역에서 도보 5분
운영 시간 월요일-일요일 11:30~20:30, 매주 화요일 휴무
주요 메뉴 및 가격
고추짬뽕 9,500원 / 짬뽕 8,500원 / 간짜장 8,500원 / 잡채밥 10,000원 /
멘보샤 17,000원 / 탕수육(중) 23,000원

실내는 아지트 같은 느낌으로 쭉 들어가야 해요.

젊은 사장님이 한 그릇, 한 그릇 정성껏 볶아주는 짬뽕

부천은 인천과 영등포 사이에 위치한 중식이 맛있는 도시. 부천역 1호선 앞 '향원'은 그 대표 가게 중에 하나입니다. '향원'이라는 상호명은 화상 중식당에서 많이 쓰는 이름입니다. 하지만 이곳은 과거에는 화교 중식당이었지만 현재는 우리나라 젊은 사장님이 인수를 하셨어요. 보통 이런 경우는 음식이 이전만 못한 경우가 대부분인데 이곳은 오히려 더 맛있어졌어요.

고추짬뽕

첫 국물부터 잘하는 집이라는 걸 알 수 있어요. 고춧가루의 좋은 느낌부터 시작해서, 파 향과 마늘 향이 기분 좋아요. 오징어가 신선하고 푸짐한 느낌도 최고입니다.

고추짬뽕은 매운 편이지만, 맵지 않은 그냥 짬뽕을 시켜도 이 맛있는 느낌은 그대로예요. 기호에 따라 골라 드세요.

키다리짬뽕아저씨 픽 side menu

잡채밥

고추기름으로 볶은 듯한 향이 납니다. 유슬고기, 표고, 호박 등의 야채가 들어 있어요. 밥은 볶음밥으로 나오는데 바로 볶은 느낌이 좋아요.

멘보샤

이곳의 시그니처 메뉴. 사실 멘보샤가 개성 있고 어마어마한 식당도 많지만, 이곳의 멘보샤는 느낌적으로 맛있는 느낌이 있으니 꼭 드셔보세요.

탕수육

찍먹 탕수육. 정통 탕수육은 아니지만, 매우 깨끗한 돼지고 기튀김과 깔끔한 소스가 인상적이에요.

갓 볶아 나오는 느낌이 충만한
정성이 느껴지는 기분 좋은 매운 짬뽕.

짬뽕 맛집, 잡채밥 맛집, 난자완스 맛집

화룡반점

주소 경기도 부천시 원미구 부흥로303번길 50
찾아가기 신중동역에서 도보 12분
운영 시간 월요일-토요일 11:00~21:00
주요 메뉴 및 가격
고기짬뽕 7,500원 / 삼선짬뽕 9,500원 / 옛날잡채밥 11,000원 / 난자완스 24,000 /
팔보채 24,000원

맛있는 잡채밥의 모든 요소를 갖춘
한국식 잡채밥을 먹고 싶다면 여기
를 가시면 됩니다.

무엇을 먹어야 할지 고민되는 중식당

'화룡반점'은 서울시 목동에서 장사를 하다가 부천으로 넘어온 가게인데, 동네 주민
분들에게만 사랑받기에는 짬뽕과 요리가 꽤 매력적이고, 가성비도 좋기로 소문났어요.
짬뽕 마니아와 중식 마니아 모두 알아두시면 너무 좋은 곳. 짬뽕부터 식사, 요리까지
이곳의 모든 음식은 '불 향'이 좋은 게 특징이에요.

고기짬뽕

진한 육수, 강한 불 향, 얼큰한 맛. 고기가 푸짐하진 않지만 결코 적지 않고, 오징어도 들어 있습니다. 야채는 배추, 양배추, 양파를 기분 좋게 볶아서 묵직하면서도 시원한 느낌이 있어요. 틀림없이 아주 맛있는 한국식 빨간 짬뽕.

삼선짬뽕

첫 국물부터 '꽤나 맛있는 짬뽕'이라는 것을 직감할 수 있어요. 재료를 갓 볶아 불 향도 강렬하지만 기본적으로 육수가 진하고 꽤 맵고 칼칼합니다.
고급 삼선짬뽕의 재료는 아니지만 가격을 생각하면 훌륭한, 맛있는 삼선짬뽕.

키다리짬뽕아저씨 픽 side menu

볶음밥&잡채밥

볶음밥에 달걀프라이가 올라가 있어요. 볶음밥의 기본기를 다 갖추고 있습니다. 물론 잡채밥 또한 불 향이 최고!

팔보채

팔보채는 조개, 관자, 오징어, 주꾸미, 낙지, 소라살들을 매콤하게 볶은 정말 좋은 안주입니다. 양에 비해서 가격이 착해서 추천해요.

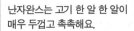
난자완스는 고기 한 알 한 알이
매우 두껍고 촉촉해요.

짬뽕 맛 한줄평! 진하고 칼칼하고 간이 세고 불 향도 가득한 강한 짬뽕.

매운 정도 🌶🌶🌶🌶

시흥에 위치한 짬뽕의 전당!

고구려짬뽕집

주소 경기도 시흥시 수인로 3472-22

찾아가기 신천역에서 버스로 8분

운영 시간 화요일-일요일 10:30~20:00

주요 메뉴 및 가격

고구려짬뽕 9,000원 / 삼선짬뽕 11,000원 / 차돌박이짬뽕 13,000원 /
튀김짬뽕 11,000원

가게 입구에 고구려
짬뽕 비석이 있어요.

고구려의 정기가 느껴지는 대형 짬뽕 레스토랑

짬뽕은 우리나라 사람들이 좋아하는 소울푸드예요. 그래서 전국 방방곡곡 짬뽕 전문 레스토랑이 있습니다. '고구려짬뽕집'은 큰 건물과 대형 주차장을 자랑하는 대표적인 대형 짬뽕 전문점. 시흥을 '짬뽕이 맛있는 도시'로 만든 가게로 전통이 있는 식당입니다.

삼선짬뽕

사골 느낌의 육수 위에 파채가 올라가 있어요. 재료는 주꾸미, 새우 등으로 삼선짬뽕치고는 해물이 아주 훌륭하지는 않지만, 이곳 특유의 국물 맛이 꽤 좋습니다. 얼큰하지만 많이 맵지는 않은 맛있는 매운맛으로 간이 적당해요. 면발은 굵은 편인데, 육수와 잘 어울려요. 매운맛은 선택이 가능합니다.

차돌박이짬뽕

차돌박이의 양이 상당합니다. 이 가게는 기본 육수 자체가 묵직한데, 차돌박이가 들어가서 살짝 느끼할 수 있어요. 그래서 매운맛으로 시키면 딱 좋습니다.

튀김짬뽕

별미입니다. 떡볶이집에서 떡볶이소스에 튀김을 비비면 맛있듯, 맛있는 짬뽕 국물에 적셔진 튀김은 특별한 맛을 냅니다. 오징어튀김, 고기튀김, 튀김만두가 섞여 있어서 혼자 가서 탕수육이나 군만두를 시키는 게 부담스러울 때 이 한 그릇으로 아주 좋습니다.

 묵직하고 걸쭉한 육수에
푸짐한 파채가 올라가 있는 짬뽕.

짬뽕의 역사

짬뽕의 역사는 1900년 전후 우리나라로 들어와 살
게 된 화교들의 '산동식 초마면'에서 시작되었다
고 봅니다. 우리나라 화교들은 중국 산동성 출
신이 절대 다수이므로, 한국식 중식은 대부분 산
동 지방 음식을 기반으로 합니다.

단, '짬뽕'이라는 명칭은 일본 '짬뽕(ちゃんぽん)'에서 왔
다는 견해가 유력합니다. 일본으로 건너간 중국인이 나가사키에서 처
음 짬뽕이라는 음식을 만들어서 팔기 시작한 게 20세기 말. 해산물과
고기, 야채에 육수를 넣고 끓이다가, 면을 넣어 먹는 국수라는 점에서
비슷합니다. 하지만 일본의 짬뽕은 푸젠성 지역 기반, 우리의 짬뽕은
산동 지역 기반이라는 게 다릅니다.

그렇게 광복 이후에 '초마면'의 이름으로도 팔리던 음식이(p170 참조)
'짬뽕'으로도 같이 불렸다고 하니, 초기의 짬뽕은 백짬뽕입니다.

그리고 1960년대 후반에서 1970년 초반 무렵, 드디어 빨간 짬뽕이 등
장합니다. 최초의 빨간 짬뽕의 기원에 대해서는 여러가지 의견이 있
어요. 인천에서 시작되었다는 이야기, 군산에서 시작되었다는 이야
기, 뜻밖에 강원도 영서 지방, 충청북도에서 시작되었다는 이야기도
있어요. 하지만 매운맛을 좋아하는 우리 입맛으로 육수에 고춧가루를

넣어보자는 시도는 어디가 먼저랄 것 없이 해보았을 것 같다는 생각이 듭니다. 그리고 해물, 고기, 야채 등의 재료들 볶고, 고춧가루와 육수를 넣고 끓이는 '우리가 아는 맛있는 빨간 짬뽕 맛'은 전국적으로 퍼지게 됩니다.

1980년대에는 짜장면과 함께 인기 있던 중식당의 면요리 울면, 기스면, 중화우동 등의 자리를 짬뽕이 서서히 차지하기 시작합니다. 1980년대 초반에는 이미 빨간 짬뽕은 완전히 정착했고 이후 다양하게 변화하고 발전했지만 이미 우리가 아는 짬뽕 맛과 큰 차이는 없어요.

1990년대를 거쳐 2000년대로 넘어오면서 인터넷을 통해서 전국적으로 맛집을 공유하는 시대가 되었어요. "어디 짬뽕이 맛있다."고 소문이 나면, 바로 찾아가서 먹을 수 있게 되었습니다. 덕분에 세련된 맛이 상향 평준화되고 있고 전국구 짬뽕 맛집들이 등장했어요. 고기가 들어간 짬뽕, 불맛이 강한 짬뽕뿐만이 아니라, 각종 퓨전 짬뽕 등 새로운 짬뽕도 등장했어요.

옛 맛을 지키고 있는 짬뽕집, 요새 핫한 짬뽕집, 개성 강한 짬뽕집 모두 이 책에서 찾으실 수 있습니다.

맛과 양을 모두 잡은 짬뽕 전문점

정아각

주소 경기도 시흥시 신천6길 2-1
찾아가기 신천역에서 도보 7분
운영 시간 화요일-금요일 11:00~16:00, 토요일-일요일 10:00~16:00
주요 메뉴 및 가격
얼큰뚝배기고기짬뽕 10,000원 / 해물짬뽕 11,000원 / 바지락짬뽕 12,000원 /
탕수육 23,000원

서울과 태국에도 지점이
있어요.

지역의 명물, 특별한 얼큰뚝배기고기짬뽕

'정아각'은 '고구려짬뽕집'과 함께 시흥시를 짬뽕의 고장으로 만든 장본. 고구려짬뽕집
은 상대적으로 커다란 매장 규모의 대형 짬뽕 레스토랑으로 유명하다면 정아각은 농
축되어 있는 듯한 진한 맛과 푸짐한 재료로 유명해요.

무려 짬뽕의 종류가 여섯 가지나 되고, '바지락짬뽕'이 TV에까지 출연할 정도로 유명
하지만 키다리짬뽕아저씨는 '얼큰뚝배기고기짬뽕'과 '삼선짬뽕'을 추천합니다. 각각
맛의 방향이 다르면서도 맛있어요.

얼큰뚝배기고기짬뽕

요새 유행하는 다른 고기짬뽕과 비슷한 맛이라고 생각하면 오산. 여기만의 맛이 있습니다. 대파가 잔뜩 올라간 고명만 봐도 일반 짬뽕과는 다르다는 걸 알 수 있어요. 고기와 오징어 등 건더기가 아주 푸짐하고 특유의 감칠맛이 돋보여요. 얼큰하면서 시큼 달달한 이곳만의 국물 맛은 배가 부른데도 끝까지 먹게 됩니다.

삼선짬뽕

얼큰뚝배기고기짬뽕과는 완전히 다른 맛입니다. 진득하기보다 시원한 해물 맛으로 해산물이 푸짐한 느낌을 넘어서, 지나치게 가득 쌓여 있다고 밖에 말할 수 없습니다. 육수 맛은 무겁지가 않으면서 조개류의 감칠맛이 좋아서 해장으로도 좋고, 식사로도 좋아요.

키다리짬뽕아저씨 픽 side menu

탕수육

정통 중식당 탕수육 스타일은 절대 아니지만 아주 깨끗하게 튀긴 고기튀김이 인상적입니다.

 짬뽕 맛 한줄평! 내용물이 푸짐하고, 진득하면서 특유의 얼큰, 시큼, 달달한 육수가 매력 있는 최고의 짬뽕.

아는 사람은 다 아는 안양의 시원한 바지락짬뽕

띵호

주소 경기도 안양시 만안구 냉천로175번길 44
찾아가기 안양역에서 버스로 12분
운영 시간 월요일-일요일 11:00~20:00, 매주 화요일 휴무
주요 메뉴 및 가격
띵호짬뽕 8,000원 / 탕수육(1인) 8,000원 / 띵호밥(면) 12,000원

근처에 있는 안양중앙시장을 함께
구경하는 코스도 좋습니다.

안양 시내 한복판, 전통 있는 바지락짬뽕!

원래 '띵호' 본점은 안양시 박달동에 있었어요. 지하까지 있는 작지 않은 가게였고, 개성 만점 짬뽕뿐만 아니라 각종 요리들까지 저렴하면서도 맛있어서, 짬뽕 마니아들에게 인기가 많았고, 근처 주민들의 포장마차 역할도 했습니다.

지금은 본점이 문을 닫고 동생 분이 하는 이곳만 남아 있어요. 하지만 특유의 바지락이 많이 들어간 '띵호짬뽕'은 여전히 맛있고, 이곳의 탕수육 역시 특별합니다.

띵호짬뽕

칼칼하고 시원한 바지락짬뽕의 정석. 작은 바지락이 푸짐하게 들어 있어서, 시원하면서도 감칠맛이 좋아요. 게다가 퀄리티 좋은 옛날식 오징어에 작은 민물새우가 들어가서 육수가 더욱 시원하고 칼칼해요. 불맛은 적지만 간이 딱 맛있게 짭조름하고, 기억에 남을 만한 짬뽕입니다. 좋은 가격은 덤.

키다리짬뽕아저씨 픽 side menu

탕수육

부먹이고 무려 1인분을 주문할 수 있어요. 가격이 저렴하다고, 짬뽕집에서 파는 탕수육 수준이라고 생각하면 오산. 띵호는 원래 안주 요리를 잘 볶던 식당이에요. 꼬들꼬들한 고기튀김은 씹는 식감이 좋고, 이곳만의 꾸덕한 소스는 '물엿' 맛이 아니라 '엿' 맛이 나는데 느낌이 특별해요. 안주로 먹으면 아주 좋을 것 같은 탕수육이에요.

 짬뽕 맛 한줄평! 시원하고 푸짐한, 가끔씩 생각나는 맛있는 바지락짬뽕.

 매운 정도 〃〃〃

고급 호텔의 짬뽕을 뛰어넘는 안양시 짬뽕

부원

주소 경기도 안양시 동안구 시민대로 230 아크로타워 3층 c328호
찾아가기 범계역에서 도보 7분
운영 시간 월요일-금요일 11:40~20:50
주요 메뉴 및 가격
우육짬뽕 12,000원 / 부원짬뽕 10,000원 / 탕수육(소) 24,000원 /
가지튀김 17,000원 / 후난식볶음밥 12,000원

후난식볶음밥도 별미입니다.

고급스럽게 맛있는 짬뽕의 대표

고급 호텔 짬뽕을 좋아하시는 분들도 많으세요. 호텔의 중식당은 실력이 좋은 셰프가
좋은 재료로 짬뽕을 만들 테니 당연히 맛있습니다. 그렇게 내공을 쌓은 셰프가 자신
의 작은 가게를 차려서 모든 음식을 직접 만들면 중식 명소가 되는데, 평촌에 위치한
'부원'이 그렇습니다.

사장님은 '63백리향' 출신의 화교 셰프님으로 이곳은 각종 요리들뿐만 아니라, 짬뽕
까지도 아주 맛있게 나오는 집입니다. 몇몇 음식만 소개하지만 모든 음식이 맛있으니
취향에 따라 골라 드세요.

우육짬뽕

소고기가 들어가서 맛있는 게 아니라, 기본기가 아주 훌륭해
서 맛있습니다. 싱싱한 조개가 많이 들어 있어서 시원한 맛
과 감칠맛도 있어요. 청경채와 야채들 볶은 느낌도 세련되어
서, 짜지 않으면서도 고급스럽습니다.

부원짬뽕

오징어, 새우, 낙지 등의 해물이 아주 많진 않지만 좋은 재료
의 맛들이 잘 살아 있습니다. 고기가 없는데도 국물이 묵직
합니다. 기본적으로 간이 세지 않은데도 육수가 맛깔나는데
역시 셰프님의 경력이 한몫합니다.

키다리짬뽕아저씨 픽 side menu

가지튀김

부원의 대표 메뉴. 이 메뉴가 나오면 살짝 유린기가 떠오르
는데요. 닭고기 대신 겉바속촉의 잘 튀긴 가지튀김이 들어갔
다고 생각하시면 됩니다. 여기에 가셨다면 무조건 경험해보
셔야 할 메뉴.

 짬뽕 맛
한줄평! 세련되고 짜지 않으면서도 완벽한 짬뽕.

 매운
정도

chain store

신도시에 있으면 딱 좋은 짬뽕 체인점

뽕의전설(본점)

주소 경기도 성남시 분당구 야탑로139번길 2
찾아가기 야탑역에서 도보 11분
운영 시간 매일 10:30~23:00
주요 메뉴 및 가격
해물짬뽕 12,000원 / 손짜장 9,000원 / 탕수육 20,000원

먹어보면 뽕가서 뽕의전설
이라고 합니다.

사골 육수, 수타 면발, 해물의 좋은 하모니

'뽕의전설'은 90년대 경기도 성남시에서 시작된 짬뽕 가게로 처음 맛본 후, 꾸준히 방
문하고 있습니다. 이곳만의 사골 육수와 해물 맛, 수타 면발로 꽤 오랜 기간 문전성시
를 이루고 있는 경기도 성남 짬뽕의 자존심.
성남, 용인, 송파 등 가까운 지역에 지점들이 있지만 고양시 일산점도 유명합니다. 밤
늦게까지 영업을 해서 야식으로 먹을 수 있는 것도 장점이에요.

해물짬뽕

기본 '해물짬뽕'만 드셔봐도, 이곳만의 맛을 제대로 느낄 수 있어요. 사골 육수와 수타 면발이 트레이드마크. 특유의 간과 잘 어우러지는 국물은 뻔한 맛이 아니라서 첫입부터 기분이 좋아요.

수타 면의 경우 짬뽕보다는 짜장이 잘 어울리지만 불규칙하고 살짝 두텁고 쫀쫀한 이곳의 수타 면은 짬뽕과도 더할 나위 없이 잘 어울려요. 푸짐하고 맛있어요.

키다리짬뽕아저씨 픽 side menu

손짜장

수타 면과 아주 잘 어울리는 수타 손짜장. 면발로 승부하는 손짜장도 아주 맛있게 드실 수 있어요.

탕수육

찍먹. 짬뽕 레스토랑의 찍먹 탕수육 중에서는 꽤나 좋은 수준. 잡내 없이 살코기를 잘 튀겨냈습니다. 가격에 비해 양도 적지 않아서 해물짬뽕과 같이 먹기에 좋습니다.

 짬뽕 맛 한줄평! 인기 짬뽕집으로서는 보기 드문 수타 면발과 사골 육수의 조화.

 매운 정도 🌶🌶🌶🌶

대구 사나이의 아주 맛있는 짬뽕!

웍하이

주소 경기도 오산시 가장로530번길 3
찾아가기 오산역에서 버스로 30분
운영 시간 월요일-금요일 11:00~20:00, 토요일 11:00~16:00
주요 메뉴 및 가격
훈연고기짬뽕 9,000원 / 짬뽕 8,000원 / 중화비빔밥 9,000원 / 훈연간짜장 8,000원

사장님의 유튜브 채널을
찾아보세요.

수도권에서 대구식 중화비빔밥과 짬뽕을 맛볼 수 있어요

경기도 오산시는 동탄 신도시의 남쪽. 짬뽕의 고장 평택, 송탄과 멀지가 않지만 알아
두시면 좋은 또 다른 짬뽕 맛집이 있어요. 바로 오산에 위치한 '웍하이'.

대구의 짬뽕은 선이 굵고, 간이 세고, 두터운 육수로 유·명해서 좋아하시는 분들이 많
죠. 오산 웍하이는 대구 출신의 젊은 사장님이 수도권에서 대구식 짬뽕과 중화비빔밥
을 맛있게 볶아 내놓습니다. 심지어 간짜장도 꽤 훌륭합니다.

이곳 사장님은 유튜브 '웍제이'로도 활동 중이시니 찾아보는 재미도 있어요. 음식 자
체도 화끈하게, 깨끗하게, 맛있게 볶으십니다. 여러분들도 단골이 되실 수 있어요.

훈연고기짬뽕

수도권에서 만나는 대구식 짬뽕. 특유의 묵직하며 진한 육수
에 고기가 정말 많이 들어 있어요. 내용물과 면의 양도 푸짐
하고, 얇고 쫀쫀한 면발 역시 대구식 특유의 맛을 느끼게 하
는 데 부족함이 없어요.

이곳은 '일반짬뽕'과 '고기짬뽕'이 각각 다르니, 자신이 좋아
하는 맛을 찾는 게 중요해요.

키다리짬뽕아저씨 픽 side menu

중화비빔밥

수도권에서 맛볼 수 있는 대구식 중화비빔밥. 고기, 오징어,
야채, 밥이 모두 넉넉하게 들어 있고, 재료의 품질 역시 좋아
요. 간이 세고 웍으로 갓 볶은 느낌 역시 충만해요.

훈연간짜장

물기가 없이 되직한 소스가 나옵니다. 건더기가 큼직큼직하
고 선이 굵은 편이에요. 간은 센 편이지만, 방금 볶아 나온 야
채의 느낌이 훌륭해서 오히려 좋아요. 젊은 사장님이라고는
믿기지 않는 내공이 느껴져요.

 짬뽕 맛
한줄평! 육 향이 진한 국물, 강한 불맛, 센 간,
'수도권에서 맛보는 대구의 고기짬뽕'.

 매운
정도

밸런스가 좋은 짬뽕은 이런 맛

개화식당

주소 경기도 평택시 통복시장로6번길 2
찾아가기 평택역에서 도보 10분
운영 시간 화요일-일요일 11:00~19:30
주요 메뉴 및 가격
짬뽕 8,000원 / 삼선짬뽕 11,000원 / 유니짜장 7,000 원 / 볶음밥 8,000원 /
깐풍기 25,000원 / 탕수육(소) 15,000원

가게 간판의 노포 감성이
운치 있어요

맛있는 화상 노포의 전형적인 모습

평택의 중식당을 대표하는 큰 줄기는 '왕가네' 식구들. '개화식당'과 '동해장'은 수십 년
전부터 형제의 가게로 시작하여, 지금은 그 아들들이 대를 이어서 하고 있어요. 원래
동해장을 운영하던 작은 할아버지는 아직도 노익장을 발휘하시며 요리 맛집 '홍행원'
을 운영하고 계십니다.

평택 통복시장 한 켠에 위치한 작은 화상 중식당 '개화식당'은 60년이 훌쩍 넘는 역사를 자랑합니다. 단지 오래된 가게가 아니라 요리와 식사들까지 변함없이 맛있어서, 전국 중식 애호가들의 필수 코스. 특히 깐풍기와 볶음밥은 전국구 수준이에요.

짬뽕
시원하고 깔끔한 스타일. 기름기가 적고 맵지도 않지만, 간은 살짝 느껴집니다. 오징어, 목이버섯, 야채들을 깔끔하게 볶아내서 느끼하지 않습니다.

삼선짬뽕
일반 짬뽕에 비해 야채들과 해물의 양이 많습니다. 새우, 죽순, 주꾸미 등이 추가되었는데, 야채와 해물의 볶은 정도와 밸런스가 아주 좋아요. 과하진 않지만 명확한 불맛, 아주 적당한 간 등 전체적인 퀄리티 자체가 참 좋아요.
이 가게는 일반 짬뽕보다 삼선짬뽕이 명확히 맛있습니다.

키다리짬뽕아저씨 픽 side menu

유니짜장
유니짜장으로 유명한 왕가동해장과 일맥상통하는 맛. 고춧가루가 들어가서 얼큰한 유니짜장인데, 단맛이 거의 없어요. 굉장히 인기가 있지만 호불호는 있습니다.

깐풍기
개화식당은 전국구 깐풍기 맛집입니다. 닭을 직접 잘라서 조리하는 뼈 있는 깐풍기로 마초적인 비주얼이 눈길을 사로잡습니다. 불 향도 제법 있고, 새콤하고 매콤하고 달콤한 맛의 조화가 상당히 좋습니다. 양파, 당근, 마늘, 고추 등이 올라간 소스 맛도 기가 막힙니다. 닭고기튀김 자체의 식감도 최고입니다.

 다양한 재료의 밸런스가 절묘한,
평택의 노포 화상 중식당의 맛있는 짬뽕.

since 1928

사장님이 식사와 요리들까지 직접 만드시는데, 친절하기까지!

왕가동해장

주소 경기도 평택시 중앙로 137, 2층
찾아가기 평택역에서 버스로 12분
운영 시간 화요일-일요일 11:30~20:00
주요 메뉴 및 가격
삼선짬뽕 10,000원 / 유니짜장 10,000원 / 탕수육 20,000원 /
가지튀김(소) 20,000원

96년 역사의 중식당을
경험해보세요.

96년 노포 중식당의 요리 같은 짬뽕

'왕가동해장'은 96년의 역사를 자랑하는 평택의 대표 노포 중식당. 근처의 '홍행원', '개화식당'과는 가족과 친척으로 평택 중식당의 근간을 이루고 있어요. 그중 '왕가동해장'은 그 중심.

모든 음식을 사장님이 직접 조리하시는 크지 않고 작지 않은 중식당. 여기는 가지튀김, 유니짜장이 유명하지만 짬뽕도 별미입니다.

삼선짬뽕

짬뽕으로 유명한 식당이 아닌데도 훌륭합니다. 위에 올라간 작은 건새우가 감칠맛을 내고, 홍합 등의 조개류는 없어요. 대신 새우와 오징어 등의 해물이 푸짐해요. 청경채, 목이버섯 등의 야채를 과하지 않게 볶아서 불맛이 은은하면서 시원합니다.

맵지 않고 짜지 않으면서도 깊은 해물 맛이 나는, 요리처럼 좋은 짬뽕.

키다리짬뽕아저씨 픽 side menu

유니짜장

동해장의 유니짜장은 전국구 인기 음식. 비빌 필요가 없을 정도로 소스가 많아요. 단짠도 아니고 매콤달콤도 아니에요. 단맛이 아예 없이 맵고, 불 향이 있는데 이 맛이 장맛과 어우러져서, 독특하게 맛있는 맛을 냅니다. '이게 뭐지?' 하면서 계속 생각나는 맛.

가지튀김

동해장의 시그니처 메뉴. 가지 안에 부추와 돼지고기를 넣고 큼지막하게 튀겼는데, 튀김옷은 바삭하지 않고 폭신폭신해요. 부추의 향이 기분 좋게 강하며, 육즙이 뜨거우니 조심해서 먹어야 해요. 가위로 잘라서, 유니짜장소스와 함께 드시면 특별한 맛을 즐길 수 있습니다.

 풍부한 해물과 좋은 야채를 은은하게 볶아 정갈하고 깊은 맛을 내는 수준 높은 짬뽕.

알고 먹으면 더 맛있는 짬뽕 족보

평양냉면에만 계보가 있는 게 아닙니다. 짬뽕에도 있어요. 평양냉면 애호가분들이 맛집 계보와 그 집안을 줄줄이 알고 계시듯이 짬뽕의 경우도 유명한 짬뽕 집안, 중식 집안을 찾을 수 있습니다. 특히 화교 중식당의 경우는 가족이 운영을 하든지 대물림이 되는 경우가 많은데 자손이나 형제 혹은 그 친척이 각각 중식집을 운영하는 경우가 많습니다. 이 책에서 소개된 짬뽕 맛집 계보를 소개해보겠습니다.

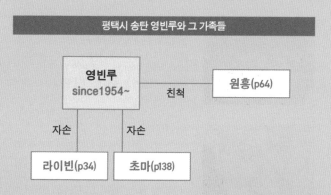

각각의 가게들은 음식 맛이 다르겠지만 탕수육이나 짬뽕의 경우 비슷한 맥락이 있어서 맛에 민감한 분들은 같은 집안이라는 걸 직감할 수 있어요.

영빈루는 전국 5대 짬뽕으로 이미 유명할 뿐더러 이 책에서 아들들의
가게가 두 군데나 소개되어서 따로 소개를 하지 않습니다. 짬뽕 마니
아 분들은 이미 가보셨죠?

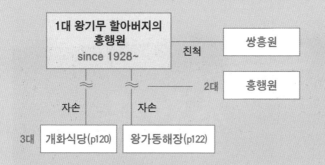

평택 쪽에는 유명한 중식 집안 '왕가' 식구들이 있습니다.
1대 왕 할아버지가 1928년에 중식당을 시작하셔서 큰 아들이 평택 개
화식당, 작은 아들이 왕가동해장을 운영하다가, 지금은 3대에 해당하
는 아들들이 각각의 식당을 물려받아 운영하고 있어요.
왕가동해장을 아들에게 물려주고 난 후 70대 2대 사장님은 요리 맛집
을 여셨는데요. 바로 '홍행원'입니다. 그리고 송탄 쪽의 작고 맛있는
중식당으로 소문난 '쌍홍원' 역시 이 집안의 친척입니다.
이런 계보를 알고 나서 짬뽕을 맛보면 매우 흥미롭습니다.

since 1963

60년이 넘는 역사를 자랑하는 화교 중식당

태화루

주소 경기도 평택시 동안길 1
찾아가기 운전해서 가기
운영 시간 월요일-일요일 11:00~20:30, 둘째 주 넷째 주 월요일 휴무
주요 메뉴 및 가격
고기짬뽕 11,000원 / 삼선짬뽕 15,000원 / 군만두 9,000원

군만두는 가위로 잘라 먹어야 할
정도로 크고 맛있어요.

고기짬뽕이 특별한 '송탄'의 중식당

평택시의 북쪽 지역 중에 '송탄'이라는 동네가 있어요. 이 지역은 옛부터 '영빈루', '홍태루', '태화루', '쌍홍원', '인화루' 등의 맛있는 화상 중식당이 많았습니다. 그중에서도 '태화루'는 인기 식당이었는데, 가게가 있던 자리가 개발이 되어서 지금의 자리, 한적한 지산동으로 이전한 지도 벌써 10년이 넘었어요.

이곳은 전복요리와 샥스핀까지도 볶아내는, 요리가 맛있는 중형 중식당이지만 간단하게 짬뽕과 군만두만 먹어도 매력이 있는 식당입니다.

고기짬뽕

옛날부터 팔던, 해물이 없는 고기짬뽕입니다. 보통의 고기짬뽕들은 가늘고 긴 유슬고기가 들어간 경우가 많은데, 이곳은 마치 석쇠 불고기 같은 넓적하고 큰 돼지고기가 푸짐하게 들어 있어서 든든합니다.

해물이 전혀 들어가지 않았는데도 깔끔한 맛이라서 굉장히 개성 있어요.

키다리짬뽕아저씨 픽 side menu

군만두

압도적으로 큰 사이즈의 군만두. 잘라 먹으라고 가위를 가져다줄 정도입니다. 비싼 요리도 잘 만드는 중식당이지만 이곳만의 수제 군만두는 꼭 드셔보기 바랍니다. 커다란 만두피의 탄탄하면서도 부드러운 식감이 좋아서, 군만두 하나를 시켜도 만족하실 거예요.

짬뽕 맛 한줄평! 해물은 없는데 넓적한 고기가 많고, 단맛 없이 칼칼한 이곳만의 고기짬뽕.

매운 정도

since 1966

짬뽕의 고장 송탄의 원픽

홍태루

주소 경기도 평택시 탄현로327번길 9
찾아가기 송탄역에서 도보 12분
운영 시간 월요일-일요일 11:30~21:00, 매주 수요일 휴무
주요 메뉴 및 가격
고기고추짬뽕 10,000원 / 삼선짬뽕 20,000원 / 볶음밥 10,000원 /
탕수육(소) 20,000원

사장님이 talkative 하셔서
즐거운 가게.

짬뽕과 함께 코카콜라를
마시면 은근히 잘 어울려요.

코카콜라 박물관 같은 실내에 놀라고,
짬뽕 맛에 또 한 번 놀라는 집

경기도 평택시, 그중에서도 송탄역 근처는 '인천의 차이나타운', '서울의 연남동과 연희동', '전라북도 군산과 익산'과 함께 우리나라를 대표하는 맛있는 짬뽕 집단 군락지입니다. 이 근처에만 우리나라에서 손꼽히는 맛있는 짬뽕집들이 여럿 모여 살고 있어

요. 그래서 짬뽕 마니아 분들께는 이 지역의 중식당이 3학점 전공 필수라고 할 수 있습니다.

그중에서도 '홍태루'는 매우 특별한 짬뽕집. 60년이 되어가는 노포 화상 중식당이지만 현재 2대 여덕정 사장님은 아시아 지역에서도 손꼽히는 코카콜라 굿즈 수집가이십니다. 가게에 들어가면 마치 코카콜라 박물관 같은 인테리어에 첫 번째로 놀라시게 됩니다. 그리고 짬뽕 맛을 보면 또 한 번 놀라실 거예요.

고기고추짬뽕
대표 메뉴 고기고추짬뽕은 살짝 매우면서도 고춧가루의 텁텁한 느낌과 고기짬뽕의 느끼한 맛이 거의 없어요. 고기와 고추의 맛이 느껴지는, 진하면서도 깔끔한 맛.

삼선짬뽕
여기는 해물의 양과 질이 확실한 최고 수준이라고 말할 수 있어요. 재료는 해삼, 오징어, 새우, 주꾸미, 소라살, 물밤이 들어가 있습니다. 국물 맛은 고기고추짬뽕과 많이 다른데 해물 향이 가득합니다. 그만큼 살짝 비싸긴 하지만 만족도는 높습니다.

키다리짬뽕아저씨 픽 side menu

볶음밥
라드 향이 제대로 나는, 전형적인 맛있는 노포 화상 식당 볶음밥. 고소한 맛, 재료, 불 향, 간 모두 좋습니다.

 짬뽕 맛 한줄펑! 살짝 매우면서도 텁텁한 맛이 없고, 고기짬뽕이면서도 느끼한 맛이 없는 이곳만의 절묘한 맛. 매운 정도

since 1983

안성 화상 노포의 저력을 느낄 수 있는 곳

북경반점

주소 경기도 안성시 안성맞춤대로 1047-1
찾아가기 안성 종합버스터미널에서 버스로 10분
운영 시간 매일 10:30~19:00
주요 메뉴 및 가격
짬뽕 8,000원 / 간짜장 8,000원 / 잡채밥 11,000원 / 볶음밥 9,000원 /
탕수육(소) 20,000원

실내에 들어가면 타임머신을
탄 것 같은 기분을 느낄 수
있어요.

노포 마니아라면 반드시 들러야 하는 가게

과거의 안성시는 대구, 전주와 함께 3대 상업도시였다고 합니다. 그만큼 재래시장이 매력 있고, 오랜 시간 지역 주민의 사랑을 받은 중식당들도 있어요. 그중 안성시장과 중앙시장 사이에 위치한 '북경반점'은 분위기가 고즈넉하면서도, 음식도 말 그대로 '화상 노포'답게 맛있습니다. 노포 도장 깨기하시는 분들의 필수 코스라고 생각합니다.

짬뽕

바로 볶아 나오는 느낌이 아주 좋은 시골 짬뽕. 홍합이 껍질 째 들어 있고, 오징어의 상태도 좋아요. 국물은 간이 꽤 세고, 제법 칼칼합니다. 요새 인기 있는 짬뽕과는 거리가 있지만 '그렇지, 로컬 노포 중식당의 짬뽕은 이렇게 깔끔하고 강렬하지'라는 생각이 들게 합니다.

키다리짬뽕아저씨 픽 side menu

간짜장

간짜장 마니아들과 일반인을 모두 만족시킬 최고 수준의 간짜장. 재료는 양파와 양배추 정도로 간소하지만 불 향이 날 만큼 방금 확 볶은 소스는 고소한 춘장 향과 기름 향이 좋습니다. '진짜 옛날 간짜장'.

잡채밥

볶음밥 위에 잡채를 얹어 나옵니다. 잡채가 나오기 때문에 밥에 간을 적게 한 세심함이 돋보입니다. 돼지고기, 고추, 버섯, 양배추, 당면 등의 볶은 재료에도 불 향이 잘 입혀져 있고, 간도 아주 좋습니다. 달걀프라이도 올라가 있어요.

짬뽕 맛 한줄평! 제법 칼칼하면서 간이 센, 막 볶은 느낌이 충만한 노포 중국집의 짬뽕.

매운 정도

짬뽕이 맛있던 이천 공화춘이 '태산'이 되었습니다

태산

주소 경기도 이천시 영창로 32-5
찾아가기 이천종합터미널에서 버스로 20분
운영 시간 월요일-일요일 11:00~21:00, 매주 화요일 휴무
주요 메뉴 및 가격
짬뽕 9,000원 / 탕수육(소) 18,000원 / 난자완스(소) 25,000원 / 잡채밥 9,000원

한적한 곳에 있지만 꾸준히 찾아오게 됩니다.

팔보채도 맛있어요.

사골 육수와 홍합이 함께 만들어내는
절묘한 육수를 맛보고 싶다면

경기도 이천 '공화춘'은 아는 사람들만 멀리서 찾아가는 최고의 짬뽕 맛집 중에 한 군데였어요. 근처에 큰 마을도 아파트 단지도 없던 시절부터 1층 건물에 혼자 있던 중식당이었는데, 음식이 맛있어서 찾아오는 손님들이 점점 늘어났어요. 짬뽕으로 TV 출

연도 하셨습니다.

화교 출신이신 유신명 사장님이 젊은 시절 하셨던 식당이 '태산'이었는데, 최근에 자리를 옮겨서 다시 '태산'이라는 이름으로 개업을 하셨습니다. 키다리짬뽕아저씨 픽 전국 12대 짬뽕!

짬뽕

몇몇 짬뽕 마니아 분들은 이곳의 짬뽕을 전국 최고로 꼽기도 합니다. 일단 육수는 사골의 깊은 맛에 홍합의 시원한 맛이 적절하게 섞여서 조화롭습니다. 사골 베이스 육수는 텁텁한 맛 없이 깔끔하고, 홍합은 최적의 국물 맛을 위해 일정량만 들어 있습니다.

간과 매운맛은 센 편인데 오히려 맛있게 느껴집니다. 고추짬뽕을 시키시면 살짝 더 매운데, 일반짬뽕도 맵습니다.

키다리짬뽕아저씨 픽 side menu

탕수육

짙은 색 소스에 양파가 올라가 있어요. 부먹인데도 바삭함이 살아 있고, 튀김에 고기 비율이 높아서, 묵직하면서 촉촉하고 씹는 맛도 살아 있어요. 다른 곳과 다른 고급 중식당 요리의 느낌이 있어요.

난자완스

이런 난자완스를 '소류완자'라고 합니다. 주문하면 바로 고기를 다지면서 만들기 시작합니다. 볶아 나오는 소스는 살짝 매콤하고 완자의 느낌은 부드럽습니다. 완자 속에 고기 느낌은 살아 있지만 겉은 살짝 탄탄해요.

 사골 육수와 홍합의 환상적인 조화가 돋보이는 육수.

47년 경력의 화교 셰프님이 매운 짬뽕을 하나하나 볶습니다

유가장

주소 경기도 여주시 세종로46번길 17-1
찾아가기 여주역에서 버스로 12분
운영 시간 월요일-금요일 11:00~15:00, 토요일-일요일 11:00~18:00
주요 메뉴 및 가격
짬뽕 12,000원 / 군만두 7,000원

1단계 짬뽕

매운맛 단계를 고를 수 있어요.

매운 짬뽕 마니아들의 성지!

매운 짬뽕이 유명한 식당들이 여럿 있습니다. 그중에서 여주 '유가장'은 이미 오랜 시간 동안 매운 짬뽕을 좋아하시는 분들께 성지와 같은 곳입니다.

이곳의 짬뽕은 단지 맵기만 한 게 아니에요. 요새 유행하는 우리나라 매운 음식의 느낌이 아니라, 깊고 시원하고 자연스러운 감칠맛이 느껴지는 매운맛이에요. 그래서 전국에서 찾아오는 단골이 많습니다. 게다가 사장님이 모든 짬뽕을 전부 직접 조리하세요. 매운맛의 단계는 왕초기, 초초기, 초기, 반단계, 1단계, 2단계가 있고요. 3단계, 4단계는 있었지만 드시는 분이 적어서 없어졌습니다. 보통 맵다고 하는 중식 맛집의 고추짬뽕이 초기 정도에 해당합니다.

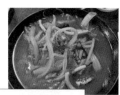

정신이 번쩍 들게 하는 에너지 짬뽕.

반단계 짬뽕

초기, 반단계부터가 본격적으로 매워지는 짬뽕이고, 단계가 올라갈수록 국물이 살짝 걸쭉해지는 느낌이 있어요. 첫 국물을 입에 넣으면 눈이 번쩍 뜨이는데, 매워서가 아니라 풍미가 좋아서 눈이 번쩍 뜨입니다.

캡사이신을 넣은 억지 매운맛이 아니라, 고추와 좋은 재료를 써서 나는 깊은 느낌의 아주 매운맛이라서, 배가 아프거나 하진 않지만, 땀은 비 오듯이 쏟아집니다.

'오랜 내공의 화교 셰프 할아버지'가 정성껏 볶아서 만든 느낌이 제대로 납니다. 역시 매운 짬뽕의 지존은 여기입니다.

짬뽕 맛 한줄평! 아주 매우면서도 육수, 재료, 불맛, 간까지 감흥이 있는 짬뽕.

매운 정도

since 1983

탕수육도 맛있는 양평 짬뽕 맛집

진영관

주소 경기도 양평군 양평읍 양근강변길78번길 6

찾아가기 양평역에서 도보 7분

운영 시간 월요일-일요일 11:00~20:00, 매주 화요일 휴무

주요 메뉴 및 가격

고추짬뽕 9,000원 / 짜장 8,000원 / 탕수육(소) 23,000원

양평에서 맛보는 수준 높은 백짬뽕

미사리부터 양평은 서울 시민들의 대표적인 드라이브 코스. 남한강을 따라가는 드라이브 길도 아름답고, 강변에는 고급 레스토랑부터 한식집, 베이커리까지 다양합니다. 이 근처에서 '맛있는 짬뽕'을 찾으실 때 추천드리는 식당이 바로 이곳 '진영관'. 성남에서 오랜 기간 영업을 하시다가, 20년쯤 전에 이곳 양평으로 이사 온 화상 중식당입니다.

고추짬뽕

'땀이 살짝 날 만큼 칼칼하면서 시원한 백짬뽕'을 최고로 치는 분들이 많은데, 여기가 바로 그 맛을 느낄 수 있는 곳입니다. 품질 좋게 느껴지는 오징어, 소라, 새우 등의 해물과 양파, 버섯, 야채와 컬러풀한 여러 가지 고추들이 들어갑니다. 맵다기보다 칼칼한 맛이 센 데도 간은 짜지 않아서 부담이 없습니다. 갓 볶아나온 짬뽕답게 불 향이 은은합니다. 면 역시 쫄깃한 느낌이 들면서도 살짝 가느다란 편이라서 많은 분들이 좋아하실 만합니다.

키다리짬뽕아저씨 픽 side menu

탕수육

양평까지 와서 먹지 않으면 손해라는 느낌이 들 만큼 맛있는 탕수육. 소스부터 고기와 튀김옷의 식감까지 좋습니다. 대도시의 고급 중식 레스토랑을 이길 수 있는, 시골 양평의 중식당 탕수육.

 짬뽕 맛 한줄평! 땀이 살짝 날 만큼 칼칼하면서도 개운하고 시원한 고추짬뽕.

 매운 정도

chain store

전통의 짬뽕 명가 평택 송탄 '영빈루'와 한가족이에요

초마

주소 경기도 하남시 미사대로 750 하남스타필드 3층
찾아가기 하남검단산역에서 도보 12분
운영 시간 매일 11:00~21:00
주요 메뉴 및 가격
짬뽕 12,000원 / 하얀짬뽕 12,000 / 탕수육 20,000원

현재 맛있는 짬뽕의 교과서!

등장하자마자 짬뽕 마니아들의 입맛을 단숨에 사로잡았던 홍대 앞 '초마'는 알고 보니 전국 5대 짬뽕으로도 유명했던 평택 '영빈루'의 아들 가게였죠. 하지만 영빈루의 짬뽕과는 다른 맛. 좀 더 젊은 입맛에 맞춰서, 남녀노소를 두루 만족시켰어요.

이제 홍대에 가게는 없지만 수도권 이곳저곳에 있는 '3대 초마' 가게들은, 프랜차이즈가 아니라 직영점급의 퀄리티를 자랑합니다. 놀러 가기 좋은 스타필드 하남점으로 소개합니다.

짬뽕

현재 많은 중국집들이 추구하는 짬뽕의 지향점 같은 맛입니다. 재료를 갓 볶은 느낌에 기분 좋은 불 향이 나면서도, 고기와 해물의 맛이 잘 어우러져요. 그러면서도 어딘가 심플하게 강렬한 맛은 영빈루와는 좀 달라요. 좀 더 세련된 느낌과 젊은 느낌이 있어요. 무엇보다 간이 좋으면서 짜지 않고, 매운맛이 기분 좋지만 많이 맵지 않은 '밸런스'가 초마 짬뽕의 인기 비결입니다.

하얀짬뽕

초마 하면 빨간 짬뽕이 유명하지만, 하얀짬뽕 역시 꽤 훌륭합니다. 칼칼하면서 불 향이 잘 느껴지고 건더기가 적지 않고, 면발도 좋아요.

키다리짬뽕아저씨 픽 side menu

탕수육 고기튀김의 느낌은 역시 명불허전.

탕수육

탕수육은 아버지 가게 '영빈루'의 느낌을 맛보실 수 있어요. 굵고 긴 고기튀김은 육즙이 느껴질 정도로 부드럽고 촉촉합니다. 케첩이 들어가지 않은 맑은 소스가 따로 나옵니다. 부먹 탕수육을 좋아하시는 분들은 아쉽겠지만, 이 정도의 고기튀김이면 아무 불만이 없습니다.

 짬뽕 맛 한줄평! 해물과 고기의 조화, 좋은 불 향, 적당한 간이 어우러진 '맛있는 짬뽕'의 교과서.

 매운 정도

since 1965

화려하지 않아도 맛있을 수 있어요

신래향

주소 경기도 의정부시 호국로1298번길 74

찾아가기 의정부역에서 도보 5분

운영 시간 화요일-일요일 11:30~20:00

주요 메뉴 및 가격

짬뽕 7,000원 / 군만두, 물만두, 찐만두, 만둣국 7,000원 / 탕수육(소) 15,000원

만두가 유명한 의정부의 노포 중국집

만두가 주 종목인 노포 중식당은 다른 음식들도 맛있는 경우가 많아요. 이곳 의정부 신래향은 올해로 60살이 되는 화상 만두 전문점이지만 만두뿐만이 아니라, 탕수육과 짬뽕, 짜장면까지도 판매하고 있습니다.

짬뽕은 화려하거나 전문적인 짬뽕보다는 평범하게 느껴질 수 있지만, 또 이런 짬뽕을 좋아하시는 분들도 적지 않습니다.

짬뽕

육수부터 남다른 고급 짬뽕은 아니지만 충분히 좋습니다. 맵지 않고 간은 살짝 짭짤합니다. 재료는 오징어, 고기, 버섯, 양파 등의 야채로 심플해요. 하지만 오랜 경력의 화교 사장님이 직접 볶아 만두와 함께 먹기에 아주 좋아요.

키다리짬뽕아저씨 픽 side menu

군만두

만두피가 바삭한 느낌이 있으면서도 단단하지 않아 한입 베어 물었을 때 부드러운 바삭함이 좋습니다. 아주 살짝 두께가 있는 피, 적당히 차 있는 만두소는 딱 이곳만의 향이 느껴지면서도 간이 슴슴합니다.

찐만두

얇지 않아서 씹는 맛이 좋은 만두피. 만두소는 돼지고기, 부추, 양파가 들어가는데 특유의 향이 납니다. 보통 중식당에서는 군만두를 많이 먹지만, 이곳의 찐만두 꽤나 먹을 만합니다.

만두와 함께 짬뽕을
즐겨보세요.

짬뽕 맛 한줄평! 만두를 만들어 파는 화교 사장님이 간단하게 볶아낸 짬뽕으로 심플하면서도 만두와 먹기 좋은 맛.

매운 정도

since 1967

경기도 북부의 보석과 같은 중식당

덕화원

주소 경기도 양주시 덕정길 4
찾아가기 덕정역에서 도보 3분
운영 시간 월요일-금요일 11:00~21:00, 토요일-일요일: 11:00~20:30
주요 메뉴 및 가격
삼선짬뽕 12,000원 / 간짜장 8,000원 / 덴뿌라 23,000원

모든 요리가 맛있는 집으로 유산슬과
볶음밥도 드셔보세요.

57년의 역사를 자랑하는, 아는 사람은 다 아는 집

양주시 덕정역 앞 '덕화원'은 이미 아는 사람은 다 아는 경기도 북부의 중식 맛집. 70년에 가까운 역사를 자랑하는 노포이지만 요리부터 식사, 짬뽕까지도 젊은 입맛을 만족시킬 수 있는 최고의 맛을 경험할 수 있어요.

삼선짬뽕

대한민국 톱티어 삼선짬뽕. 이곳에선 짬뽕보다 삼선짬뽕을 드세요. 미리 알아야 할 건 '삼선'이 들어가는 식사들은 무조건 2인분 이상만 주문이 가능하다는 겁니다. 하지만 그만큼 대단한 음식이 나옵니다. 마치 요리 같아요.
푸짐한 해삼, 오징어, 가리비살, 소라살 등 해물이 싱싱하고, 큼지막한 버섯, 호박, 당근, 양파 등을 잘 볶았어요. 국물의 불맛은 강한 편은 아니지만, 재료들의 깊은 향이 육수에 잘 배어들어서, 깊고 진한 감칠맛이 납니다. 먹을수록 더욱 진해지는 느낌. 한 방울도 놓치고 싶지 않은 국물.

키다리짬뽕아저씨 픽 side menu

덴뿌라

덕화원은 덴뿌라가 유명합니다. 바삭하면서도 어딘가 쫀쫀한 튀김옷과, 쫀쫀하지만 어딘가 부드러운 고기가 완벽한 조화를 이룹니다. 간장에 고춧가루를 풀어 찍어 먹어도 좋고, 소금에 찍어 먹어도 좋지만 이곳의 덴뿌라는 소금, 후추의 밑간이 아주 잘 되어 있어요.

진정 보약 같은 짬뽕 국물!

 짬뽕 맛 한줄평! 신선하고 푸짐한 해물, 다양한 야채를 넣어 육수를 한 방울도 남기고 싶지 않은 삼선짬뽕.

 매운 정도 ♪♪♪♪

since 1955

멀지만 찾아가볼 만한 경기 북부의 대표 중식당

미미향

주소 경기도 포천시 이동면 화동로 2063
찾아가기 운전해서 가기
운영 시간 월요일-일요일 12:00~20:00, 매주 수요일 휴무
주요 메뉴 및 가격
짬뽕 10,000원 / 간짜장 9,000원 / 볶음밥 11,000원 / 탕수육 28,000원

주말에 가시면 대기가 아주 긴 인기 맛집으로 예약이 필수입니다.

포천 이동은 갈비만 유명한 게 아닙니다!

이쪽 지역의 중식당들은 이른바 '군대' 관련 식당이 많지만, 미미향은 70년의 역사를 자랑하는 정통 중식 맛집.

요리도 잘하는 식당이지만 많은 분들이 좋아하는 짬뽕, 간짜장, 탕수육도 맛있습니다. 전국구 인기 중식당으로 대기가 길어서 예약을 해야 하는 곳이기도 합니다.

짬뽕

삼선짬뽕보다 일반 짬뽕을 추천해요. 이것만으로도 충분히
맛있으니까요. 비주얼로만 보면 '맛있는 옛날 맛인가?' 싶지
만 드셔보면 딱 이곳만의 맛이 있어요.
해물 재료는 홍합과 오징어 정도이지만 부족함이 없습니다.
특유의 안정감 있는 육수는 진득하면서도 고소해요.

키다리짬뽕아저씨 픽 side menu

탕수육

아주 유명합니다. 소스가 넉넉하고 진득하게 부어져서 나오
지만, 눅눅한 느낌 없이 쫀득합니다. 소스는 안 달고, 안 시
고, 안 짠 특별한 맛. 고기의 질감과 튀긴 느낌까지 그저 맛있
는 옛날식 탕수육 그 이상이에요.

간짜장

소스가 간이 센 것 같으나 막상 비벼 먹으면 센 느낌은 없고
딱 맛있어요. 다소 평범한 느낌이 있지만, 탕수육과 같이 먹
기엔 적당해요.

볶음밥

비주얼도 좋고 간도 좋아요. 고슬고슬하기보다는 촉촉하게
볶아 나와요. 같이 나오는 달걀국도 맛있어요.

짬뽕 맛
한줄평!
맛있는 옛날 맛이면서도
남다르게 고소하면서 진득한 짬뽕.

매운
정도

매콤달콤한 파주식 짬뽕의 원조

맛나반점

주소 경기도 파주시 법원읍 사임당로843번길 7
찾아가기 파주역에서 버스로 23분
운영 시간 월요일-일요일 11:30~20:00, 매주 화요일 휴무
주요 메뉴 및 가격
간짬뽕 12,000원 / 볶음밥 10,000원 / 탕수육(중) 23,000원

파주 지역은 매운 간짬뽕의 시작과 끝!

파주 지역에는 간짬뽕, 매운 짬뽕집들이 곳곳에 포진하고 있습니다. 맵기만 한 짬뽕도 있고, 떡볶이처럼 매콤달콤한 짬뽕들도 있는데, 이곳 법원읍 맛나반점이 그 많은 식당들의 원조라는 이야기가 많아요. 가게는 작고 오래된 가게이지만 그만큼 내공이

있는 느낌이 물씬 납니다.

조리 시간이 긴 건 알아두셔야 합니다. 비슷한 이름의 가게들이 많으니 찾아가는 데 세심함이 필요합니다.

간짬뽕

맵기만 한 간짬뽕이 아니라, 아주 맛있습니다. 간짬뽕이지만 국물이 지나치게 뻑뻑하진 않아서 잘 비벼집니다. 달지 않고 매콤하면서 감칠맛이 아주 좋아요. 면발까지도 꼬득하면서도 이곳만의 느낌이 있어요.

1, 2, 3, 4단계로 매운맛을 조절할 수 있는데, 매운 거 좋아하시면 2단계, 못 드시면 1단계, 마니아 분은 3단계까지 추천해요.

키다리짬뽕아저씨 픽 side menu

볶음밥

정통 '중식당 볶음밥'과는 많이 다르지만 꽤나 맛있습니다. 라드 향이나 불 향이 나는 게 아니라 당근, 양파, 파, 달걀을 넣고 정성껏 볶은 느낌입니다. 중식볶음밥과 한식볶음밥의 중간쯤에 있는 맛입니다. 간짬뽕과 같이 드시기에 딱입니다.

탕수육

찍먹. 짬뽕집 탕수육 중에서는 아주 개성이 있어요. 얇은 튀김옷은 기름기가 적어서 느끼한 맛이 없으면서도 바삭해요. 그러면서 튼실한 고기는 완전히 부드럽다기보다 쫄깃쫄깃해서 집어 먹는 재미가 쏠쏠해요.

새우깡처럼 계속 손이 가는 탕수육.

짬뽕 맛 한줄평! 매우면서도 안 달면서도 맛있는, 재료, 면발, 불 향 모두 좋은 최고의 비빔짬뽕.

매운 정도

since 1953

파주의 보물 같은 화교 중국집

북경반점

주소 경기도 파주시 법원읍 사임당로908번길 5
찾아가기 파주역에서 버스로 23분
운영 시간 월요일-일요일 11:00~20:00, 매주 수요일 휴무
주요 메뉴 및 가격
초마면 11,000원 / 삼선짬뽕 14,000원 / 간짜장 10,000원 / 탕수육(소) 20,000원 /
팔보채(소) 26,000원

since 1953, 긴 역사의 화교 중식당에서 맛보는 초마면

파주시 법원읍, 한적한 동네에 있는 이 작은 식당은 놀랍게도 70년이 넘는 역사를 가
지고 있습니다. 요리의 종류와 식사의 종류가 아주 많은 편은 아니지만 모든 음식이
맛있습니다.

여기저기 드라이브를 다니면서 맛있는 걸 찾아다니는 분들께는 이미 아주 유명한 집.
접근성이 좋다고 할 수는 없지만 꾸준히 이곳을 다니는 분들이 많습니다.

탕수육과 초마면을 강력 추천합니다.

초마면

칼칼한 맛이 없지는 않지만, 안 매운 스타일의 백짬뽕입니
다. 맑다기보다는 뽀얀 육수에 조개, 홍합살, 새우가 주재료
로 들어갔습니다. 감칠맛이 아주 좋습니다. 약간의 고추, 양
파, 호박, 목이버섯을 은은하게 볶아서 기분 좋게 달콤하면
서도 특유의 고소한 맛이 일품이에요.

삼선짬뽕

아주 진한 국물의 빨간 삼선짬뽕. 튼실한 새우, 갑오징어, 소
라살, 생선살이 많이 들어갔어요. 텁텁한 느낌이 없는 굉장
히 진한 고춧가루 국물이고 면에 국물이 잘 배는 스타일로
초마면과는 맛의 방향이 완전히 다릅니다. 여기서는 본인의
취향에 맞는 짬뽕을 잘 찾는 게 포인트.

키다리짬뽕아저씨 픽 side menu

팔보채

저렴한 가격에 아주 좋은 수준의 해물 요리를 맛보실 수 있
어요. 칼집 오징어, 갑오징어, 주꾸미, 새우, 건해삼, 청경채,
죽순, 각종 버섯, 당근, 양파를 살짝 매운 향으로 볶았습니
다. 가격 대비 맛이 어마어마하게 좋습니다.

경기도 북부의 탕수육 맛집을
알려달라고 하면 여기를 콕
찍어서 알려줍니다.

**짬뽕 맛
한줄평!**
특유의 고소한 맛이 더해져 나가사키짬뽕보다
훨씬 맛있는 백짬뽕.

**매운
정도**

chain store

매운 비빔짬뽕을 찾으신다면 이곳으로!

신간짬뽕(본점)

주소 경기도 파주시 문화로 32, 1층
찾아가기 금촌역에서 버스로 10분
운영 시간 매일 11:00~20:30
주요 메뉴 및 가격
간짬뽕 10,000원 / 짬뽕(매운 짬뽕) 9,000원 / 탕수육 13,000원

신간짬뽕의 원조집이
여기예요.

맵지만 아이들부터 어른들까지 좋아할 수 있는 맛이에요

'신간짬뽕'이라는 이름으로 검색을 해보면, 다른 곳에도 같은 이름의 가게들이 많은데 파주시 금촌의 신간짬뽕이 본점입니다. '신간짬뽕'은 간짜장처럼 비벼 먹는 음식으로 이름은 '간짬뽕'에 매울 '신(辛)'자를 붙였습니다.

이 식당은 예약을 하고 가셔야 합니다. 손님이 많아서 예약을 한다기보다 30분 단위로 짬뽕을 볶기 때문에 미리 전화를 해서 "5시 30분에 3명, 간짬뽕 1단계 2그릇, 2단계 1그릇이요."처럼 주문을 해두면 가서 정확한 시간에 드실 수 있어요. 오히려 편합니다.

간짬뽕

1단계~3단계 중에서 매운 정도를 고를 수 있어요. 1단계가 불닭비빔면 정도라고 하는데, 살짝 강하게 맵고, 딱 맛있는 정도입니다. 2단계는 매운 걸 좋아하시는 분들이 '매운데 맛있네' 하실 정도, 3단계는 매운 음식 마니아가 도전하실 정도예요. 불 향과 불맛이 아주 세서 막 볶아 나온 느낌이 좋습니다.

맛은 매콤달콤입니다. 대구의 중화비빔면보다 훨씬 강한 매콤달콤이고요. 다른 볶음 짬뽕류에 비해서 단맛도 살짝 있는데 감칠맛도 좋아서, 떡볶이 좋아하시는 분들이 좋아하실 맛입니다.

짬뽕

국물이 있는 짬뽕도 꽤나 맛있습니다. 간짬뽕 2단계 정도의 맛인데 기본적으로 간이 좋아서 맛있게 드실 수 있어요. 간짬뽕처럼 살짝 달달한 맛이 매력 있어요. 불 향이 아주 세고 건더기도 푸짐합니다.

떡볶이같이 살짝 단맛이
느껴져서 좋아요.

짬뽕 맛 한줄평! 매우면서도 아주 맛있는,
고기와 해물이 푸짐한 간짬뽕.

매운 정도

강화군
· 금문도

계양구
· 금문도

부평구
· 뽕나루

중구
· 미광
· 신성루
· 신일반점
· 양자강
· 전가복
· 중화루
· 중화방

미추홀구
· 공원장
· 동락반점

연수구
· 원쓰부

옹진군
· 복건성

인천

인천은 명실상부한 대한민국 중식의 메카이면서, 서울의 관문. 차이나타운이 있고, 그 주변에도 좋은 중식당이 많습니다. 100년이 훌쩍 넘은 역사를 자랑하는 중식당도 인천에 있어요.
하지만 우리가 좋아하는 '짬뽕'은 중식이면서도 한식. 정통 중식당의 짬뽕이 한국식 짬뽕 전문점에서 파는 짬뽕보다 맛없게 느껴지는 경우도 있습니다.
그렇지만 우리나라에서 한 세기를 지내온 화교가 운영하는 중식당 중에서는 '짬뽕'을 맛있게 볶는 곳이 당연히 있습니다. 특별한 개성을 가진 인천의 맛집 14곳을 소개합니다.

중심가가 아닌 계양구에도 멋드러진 중식당이 있어요

금문도

주소 인천시 계양구 효서로 268
찾아가기 작전역에서 도보 7분
운영 시간 매일 11:00~21:30
주요 메뉴 및 가격
삼선고추짬뽕 11,000원 / 간짜장 9,000원 / 삼선우동 11,000원 / 탕수육 22,000원

인천의 화교 중식당답게
군만두조차도 맛있어요.

옛부터 고추짬뽕이 유명한, 인천 화교 중식당

'금문도'는 대만의 지역 이름. 그래서 사장님이 대만 국적인 화교 중식당의 경우 가게 이름이 '금문도'인 곳이 많아요. 이 책에도 강화도의 '금문도'가 뒤에 또 소개되니 헷갈리지 마시고요. 인천 계양구 작전역 근처의 중식당 '금문도'는 가게의 외관부터 실내까지 '역시 인천 중국집은 다르구나.'라는 걸 깨닫게 합니다. 이곳은 진한 고추짬뽕이 유명합니다.

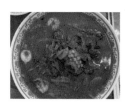

삼선고추짬뽕

흔히 볼 수 있는 비주얼이 아닙니다. 시뻘건 육수는 진하고 묵직하며 국물도 역시 매우 걸쭉합니다. 즉 시원한 짬뽕은 절대 아닙니다. 그만큼 진득한 육수이지만 아주 맵지는 않아요. 새우, 오징어, 주꾸미 등의 해물은 신선하고 개성 넘치며 맛있게 중독성 있어요.

키다리짬뽕아저씨 픽 side menu

탕수육

바삭하기보다 소스와 함께 쫀득하게 씹어 먹는 느낌이 딱 옛날 중국집의 맛있는 탕수육 느낌.

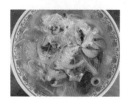

삼선우동

화교 중식당에서 삼선우동을 팔면 십중팔구 맛있습니다. 특히 짬뽕이 진득한 국물이므로 시원한 육수를 원하시면, 하얀 삼선우동을 드세요. 백짬뽕과는 또 다른 맛으로 고급스럽습니다.

 짬뽕 맛 한줄평! 진득하고 걸쭉한 육수에 해물이 신선한, 아주 유명한 인천의 고추짬뽕.

 매운 정도 ♪♪♪♪♪

짬뽕에 자존심을 걸고 열심히 볶는 집

뽕나루

주소 인천시 부평구 부흥로360번길 7 명성하이츠 101호
찾아가기 부평시장역 도보 15분
운영 시간 월요일~일요일 11:00~19:30, 매주 수요일 휴무
주요 메뉴 및 가격
뽕나루짬뽕 9,000원 / 고추짬뽕 10,000원 / 볶음공기밥 2,000원 /
미니탕수육 11,000원

간판에서 짬뽕에 대한
자부심이 느껴져요.

인천 부평 짬뽕의 신흥 강자

사실 짬뽕은 전통 중국음식이라기보다는 한·중·일 합작 음식에 가깝습니다. 그래서
인지 정통 중식당에서도 좋은 짬뽕을 팔지만, 짬뽕 전문점에서 더 맛있는 짬뽕을 팔
기도 하죠.

중식의 도시 인천에도 짬뽕을 전문으로 하는 여러 맛집들이 있는데, 이곳 부평 '뽕나
루'는 인천에서도 유명한 짬뽕 신흥 강자에 해당합니다.

그렇지만 신흥 강자라고 하기에는 이미 많은 팬들을 보유한 식당입니다.

뽕나루짬뽕

처음부터 탁 치고 올라오는 불 향에 묵직한 국물. 돼지고기, 오징어, 새우 등의 건더기가 푸짐하게 들어 있고 야채는 방금 볶아 나온 느낌이 충만합니다. 진한 느낌에 비해서는 기름기도 적고, 짜지도 않습니다. 누가 뭐래도 굉장히 맛있는 짬뽕. 가게 간판에 "이것이 짬뽕이다"라는 말이 헛말이 아니라는 걸 알 수 있습니다.

고추짬뽕

기본 뽕나루짬뽕과 비슷합니다. 여기에 건더기가 아주 푸짐하고 불 향과 간이 다 좋습니다. 단, 굉장히 맵습니다. 맵고 진하지만 텁텁한 느낌이 적습니다.

키다리짬뽕아저씨 픽 side menu

볶음공기밥

일반 공기밥 이외에 '볶음공기밥'이라는 메뉴가 따로 있습니다. 고슬고슬하게 볶은 밥을 말아 먹으면 당연히 더욱 맛있겠죠?

탕수육

바삭한 튀김옷과 부드러운 고기는 한마디로 잘 만든 부먹 탕수육. 특별하기보다 짬뽕과 같이 먹기에 딱 좋습니다. 혼자 먹기에도 좋은 미니 사이즈도 있어요.

짬뽕 맛 한줄평!

탁 쏘는 불 향의 묵직한 국물, 풍부하면서 다양한 건더기와 적당한 간, 그러면서도 깔끔한 최고 수준의 인천 짬뽕.

매운 정도

냉짬뽕 맛집으로 유명하지만 뜨거운 짬뽕도 좋아요

공원장

주소 인천시 미추홀구 인주대로211번길 49-26
찾아가기 제물포역에서 버스로 13분
운영 시간 화요일-일요일 10:30~20:00
주요 메뉴 및 가격
냉짬뽕 10,000원 / 삼선짬뽕 12,000원 / 탕수육 18,000원

이곳에서는 겨울에도 냉짬뽕을 팝니다.

냉짬뽕의 시작과 끝

여름에 파는 중식당 메뉴 중에 중식냉면과 냉짬뽕이 있는데, 사실 중국 현지에서는 차가운 면 음식이 드뭅니다. 중식 냉면은 그나마 비슷한 형태의 음식이 있지만, 냉짬뽕의 경우는 완벽한 한국식 중식에 가깝습니다.

냉짬뽕 하면 떠오르는 대표 식당은 인천 수봉공원 옆 '공원장'입니다. 여기는 기본적으로 인천의 노포 중식당이기에 다른 음식들도 맛있지만, '냉짬뽕'을 먹기 위해 전국에서 식객들이 몰려옵니다.

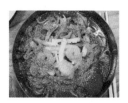

냉짬뽕

보통 냉짬뽕은 물회나 묽은 비빔국수 같은 경우가 많은데,
이곳은 육수가 맑은 게 아니라 진한 느낌이 있습니다. 맛은
맵고, 짜고, 달고, 고소하고, 시원한 맛이 전부 강한데 그래서
오히려 좋습니다. 실제 짬뽕처럼 버섯과 새우, 오징어가 많
이 들어가고, 고춧가루가 뭉쳐 있는 게 없어요. 텁텁함을 줄
이기 위해 깨를 많이 넣어서 고소한 맛도 좋아요.

삼선짬뽕

냉짬뽕보다 이곳의 삼선짬뽕을 더 좋아하는 분도 많습니다.
어렸을 때 동네 중국집에서 먹던 삼선짬뽕 중에 맛있는 곳.
딱 그런 노스탤지어가 느껴지는 삼선짬뽕.
오징어, 새우, 해삼이 푸짐하게 들어가고 짜고, 맵고, 강한 맛
입니다. 옛날 스타일의 넉넉한 삼선짬뽕.

키다리짬뽕아저씨 픽 side menu

탕수육

이곳의 탕수육은 심하게 크리스피해서 오히려 냉짬뽕과 같
이 집어 먹기에는 안성맞춤입니다. 맥주와 함께 먹기에도 아
주 좋은 스타일.

 입맛이 없을 때 생기가 돌아오게 하는 맛.

since 1972

'고추짬뽕' 하면 떠오르는 중식당!

동락반점

주소 인천시 미추홀구 독배로 473
찾아가기 숭의역에서 도보 14분
운영 시간 화요일-일요일 11:00~21:00
주요 메뉴 및 가격
고추짬뽕 10,000원 / 볶음공기밥 1,500원 / 간짜장 9,000원 / 탕수육(소) 15,000원

50년이 넘는 역사를 자랑하는, 대물림 노포 중식당

지금은 여기저기 고추짬뽕 맛집들이 많지만 오래전부터 '고추짬뽕으로 유명한 식당'
하면, 대표적인 곳이 인천 '동락반점'이었어요. 아직도 긴 줄을 서야 하는 가게입니다.
이곳은 50년이 넘는 역사를 자랑하는 작은 화교 중식당으로 요리들도 맛있는 식당이
기도 합니다.

고추짬뽕
'동락반점 고추짬뽕'의 명성을 듣고 찾아와서 처음 맛보면,
기대와는 살짝 다를 수 있어요. 이곳은 인천의 노포 화교 중
식당으로 우리나라 중국집의 '매운 짬뽕'과는 맛의 결이 다릅
니다. 하지만 진짜 원조 고추짬뽕을 맛보고 싶다면 잘 찾아
오신 겁니다.
두꺼운 고기 육수라기보다는 조개가 들어가서 감칠맛이 납
니다. 특히 매운맛을 내기 위해 베트남 고추가 들어가는데,
매콤달콤 느낌이 아니라 매콤하면서 감칠맛 나는 스타일로
맵찔이 분들은 고추를 빨리 건져내셔야 합니다.
이곳 국물만의 '스웩'이 있습니다. 밥이 드시고 싶으면 '볶음
공기밥'을 시켜서 말아 드셔도 잘 어울립니다.

요리도 맛있는 정통 인천
화교 중식당! 줄 설 각오
는 하고 다녀오세요.

 짬뽕 맛 한줄평! 이게 옛날식으로 맛있는 고추짬뽕이지!  **매운 정도**

인천 고추짬뽕의 신흥 강자!

원쓰부

주소 인천시 연수구 용담로125번길 44, 1층
찾아가기 연수역에서 도보 6분 거리
운영 시간 월요일-일요일 11:00~21:00, 매주 수요일 휴무
주요 메뉴 및 가격
삼선고추짬뽕 11,000원 / 짬뽕 9,000원 / 탕수육 19,000원 / 미니탕수육 12,000원

식당 이름이 '쓰부(사부)'로 끝나는
중식집 중에는 맛집이 많아요.

중식의 메카, 인천에서 짬뽕에 진심인 집

인천은 '우리나라 중식의 메카' 같은 도시. 하지만 실력 있는 화교 중식당이라고 해서
반드시 짬뽕이 맛있는 건 절대 아닙니다. 요리에는 진심이지만 짬뽕은 그저 무난하게
볶아내는 화교 셰프들이 많아서, 짬뽕은 오히려 우리나라 짬뽕 전문점이 더 맛있게
느껴지는 경우도 많아요.

연수구 '원쓰부'는 오래된 식당은 아니지만 화교 중식당이면서 짬뽕에 진심인 식당이
라서, 금세 짬뽕 마니아들에게 유명해진 곳입니다.

고추삼선짬뽕

한마디로 강한 짬뽕으로 비주얼부터 남다릅니다. 아주 매운 육수가 혀를 자극하는, '타격감'이 있는 맛입니다. 육수가 묵직하면서 '탄 맛' 비슷한 느낌도 있고, 생강 향도 있는데 매운 맛에 가려져서 잘 안 느껴집니다. 오징어, 주꾸미, 낙지, 새우가 들어 있고 감칠맛을 위한 조갯살도 있어요. 매운맛을 좋아하시는 분들은 '매운맛과 어우러진 묵직하고 진한 맛'을 느낄 수가 있어서, 어느 정도 고수를 위한 짬뽕이라고 할 수 있습니다.

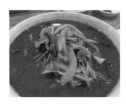

짬뽕

일반 짬뽕도 맛있는 식당입니다. 딱 기분 좋을 만큼의 얼큰함에 진한 국물, 약간 센 간이 잘 어우러집니다. 오징어와 돼지고기가 충분하고, 조갯살들이 감칠맛을 더합니다. 탱글한 느낌의 면발도 좋아요. 고추삼선짬뽕과 맛이 아예 다르기 때문에 둘 다 드셔볼 필요가 있어요.

키다리짬뽕아저씨 픽 side menu

탕수육

보통 학교 중식당들은 부먹으로 나오는 경우가 많은데, 이곳은 찍먹입니다. 튀김옷 자체가 겉바속촉의 느낌이 있습니다. 고기가 튼실하면서 익힌 정도와 밑간까지도 좋아요. '소짜'보다 작은 '미니탕수육'이 있어서 혼자 드실 때에도 좋습니다.

 짬뽕 맛 한줄평! 다양한 해물, 묵직하고 진한 육수에 강한 매운맛이 잘 어우러지는 최고의 고추짬뽕.  매운 정도

차이나타운 옆 노포 중식당

미광

주소 인천시 중구 참외전로13번길 15-4

찾아가기 인천역에서 도보 10분

운영 시간 월요일-일요일 11:30~16:00, 매주 수요일 휴무

주요 메뉴 및 가격

짬뽕 7,000원 / 간짜장 7,000원 / 볶음밥 7,500원 / 탕수육(소) 18,000원 /
팔보채 35,000원

사장님 혼자서 정성껏 조리하셔서 줄이 길어요.

'맛있는 옛날 맛'을 찾으신다면 이곳이 정답

미광은 오래된 허름한 중식당이지만 아주 맛있어요. 중식 맛집의 장, 인천 차이나타
운 옆에 있지만 화교 중식당은 아니에요. 하지만 인근의 어느 중식당보다도 줄이 길
고, 인기가 있어요.

이렇게나 인기가 많은 이유는 우리들 마음에 간직한 '옛날 어렸을 때 가던 중국집의
맛있는 맛'을 고스란히 지키고 있기 때문입니다. 탕수육이나 요리들부터 볶음밥, 간짜
장, 짬뽕까지 모두 추억의 맛입니다.

짬뽕

삼선짬뽕도 좋지만 일반 짬뽕이 굉장히 매력 있어요. 오징어, 호박, 파, 양파, 부추, 목이버섯 등 야채가 꽤 많이 들어갑니다. 평범한 재료들이지만 갓 볶아 나오는 느낌 아주 좋고, 과하지 않게 볶아서 재료 특유의 맛이 살아 있습니다. 슴슴하고 담백한 국물 맛이지만 끝까지 맛있는 옛날 맛.

키다리짬뽕아저씨 픽 side menu

간짜장

시그니처 메뉴. 많이 안 짜고, 많이 안 달고, 그러면서 춘장이 고소한 느낌. 뻑뻑하지 않고 채수가 적당합니다. 갓 볶아서 나오는 느낌도 좋습니다.

탕수육

추억의 옛날 맛 탕수육 중에서 최고! 프라이드치킨 같은 밑간에, 적당하게 크리스피한 튀김, 옛날식 케첩소스, 쫄깃한 식감에 고기 잡내도 없어요. 소짜만 시켜도 상당히 많은 양이에요.

팔보채

평범한 팔보채 같지만 큰 새우, 해삼, 낙지에 관자까지 들어있어요. 버섯과 야채들도 많고 전체적으로 푸짐하면서도 맛있습니다. 이렇게 양이 많은 집은 드물어요.

 갓 볶은 오징어와 야채들이 푸짐하게 나오는, 담백하면서 끝까지 맛있는 옛날 짬뽕.

since 1947

역사와 정통성과 맛을 모두 간직한 식당

신성루

주소 인천시 중구 우현로 19-14
찾아가기 신포역에서 도보 2분
운영 시간 화요일-일요일 11:00~21:30
주요 메뉴 및 가격
삼선고추짬뽕 11,000원 / 유니자장면 10,000원 / 탕수육 22,000원 /
자춘걸 40,000원

짬뽕 맛집 안내서가 아니라, 중식당
맛집 안내서에도 나올 만 한 집.

짜장면 랩소디에 나온 중식당의 짬뽕 맛

중식의 도시 인천에서도 중식당이 가장 많은 지역 중구. 그중 오래된 식당 중에 한 군
데이면서, 가장 인기 있는 식당 중의 한 군데.
무려 80년이 되어가는 정통 중식당 '신성루'는 자춘걸 등의 중식 요리들이 유명하지만
우리나라 사람들이 즐겨 먹는 짬뽕, 짜장면, 탕수육만 먹어봐도 상당한 수준을 느낄
수 있어요.

삼선고추짬뽕

여기만의 명확한 맛이 있어서 좋아요. 화교 중식당 짬뽕 특유의 '찝찔하면서 맛있는 맛'. 꽤 매콤하고 간이 센 짬뽕인데도, 신기하게 재료 하나하나의 맛이 다 살아 있어요.
그만큼 육수가 두텁지는 않지만 오징어와 새우, 굴, 죽순, 청경채의 맛이 조화롭습니다.

키다리짬뽕아저씨 픽 side menu

유니짜장면

얼마 전 넷플릭스 〈짜장면 랩소디〉에 소개된 가게. 화교 중식당은 간짜장보다 유니짜장이 맛있는 경우가 많은데, 여기가 그렇습니다. 고기 알갱이와 양파 등의 야채가 바로 볶아 나오고, 짜지 않고 달지 않은 춘장 향의 밸런스가 좋습니다. 달걀프라이가 올라가 비주얼도 좋아요.

자춘걸(炸春捲)

해물, 야채 등의 재료를 달걀 지단으로 말아서 튀긴 음식. 말하자면 '피가 달걀 지단으로 되어 있는 고급 군만두' 같은 메뉴예요. 자춘걸은 사전 예약인 식당이 많지만 신성루는 자춘걸 맛집답게 예약 없이 소짜를 주문해 먹을 수 있어요.
새우, 오징어, 고기, 다양한 버섯들과 아삭한 죽순이 채 썰어 들어갑니다. 재료들 본연의 맛도 좋고, 전체적인 조화까지 좋아요. 소스가 없는 음식이라서 짜장이나 짬뽕과 같이 먹기에 안성맞춤입니다.

탕수육

정확하게 '맛있는 정통 탕수육' 그 자체. 그래서 당연히 부먹. 튀김옷이 바삭하고 고기는 쫀득하게 씹힙니다. 소스는 케첩이 들어 있지 않은 시큼 달달한 맛입니다. 시간이 지나도 맛있는 탕수육은 바로 이런 것을 두고 하는 말이죠.

 두텁지 않은 국물과 굴, 오징어, 새우, 죽순, 청경채의 맛이 살아 있는 칼칼하면서 강렬한 짬뽕.

since 1952

우리나라 짬뽕 역사에서 중요한 비중이 있는 가게

신일반점

주소 인천시 중구 서해대로464번길 1-2
찾아가기 도원역에서 도보 16분
운영 시간 매일 10:30~24:00
주요 메뉴 및 가격
초마면 9,000원 / 유니짜장 7,000원 / 달인탕수육(소) 23,000원 / 수제군만두 8,000원

인천 짬뽕의 원형에 가까운 곳

1952년에 창업한 '신일반점'은 인천의 작은 중식당 중에서도 전통이 있는 노포. 반세기를 넘어 70년 이상 같은 자리에서 영업하고 있는 서민 중식당. 창업하신 할아버지에 이어 주방에 계신 셰프님도 여러 번 바뀌었지만, 여전히 화교 중식당을 유지하고 있어요.

변함없이 판매 중인 이곳의 '초마면'이 우리나라 짬뽕의 원형이라는 기사가 많습니다. 짬뽕 마니아라면, 근본을 알아야 하는 법. 한번 가서 드셔보길 추천합니다.

초마면

우리가 알고 있는 빨간 짬뽕은 물론, 백짬뽕이나 나가사키짬 뽕과도 다른 비주얼. 이게 바로 우리나라 짬뽕의 원조가 된 초마면 중에서도, 인천 원조에 가까운 '신일반점 초마면'입 니다.

돼지 뼈를 우려낸 육수는 느끼할 것 같지만 버섯, 양파, 피망, 당근 등의 볶은 야채와 함께 어우러져 담백하면서 시원하고 진한 느낌이 좋습니다. 유슬 돼지고기도 많이 들어갔어요.

요새 입맛 기준으로 맛있는 짬뽕은 아닐 수 있지만, 짬뽕 마니 아라면 인천에 오셔서 70년이 넘은 원조 짬뽕을 드셔보세요.

키다리짬뽕아저씨 픽 side menu

유니짜장

같이 온 친구가 '짬뽕파'가 아니라면, 유니짜장을 추천합니 다. 오랜 역사의 작은 중식당에서 정통식 옛날 유니짜장을 즐겨보세요.

달인탕수육

현재 음식을 만드시는 유방순 셰프님은 대형 중식당 출신으 로 TV에 탕수육의 달인으로 출연하신 적이 있습니다. 공기 와 꾸준히 마찰을 시켜가며 튀긴 고기튀김은 눅눅해지지 않 고 바삭합니다.

70년 노포의 수제 군만두도
드셔보세요.

 돼지 뼈 육수에 유슬 돼지고기, 야채를 볶아 넣어
짬뽕 맛 한줄평! 담백하면서도 시원한 맛을 내는 우리나라 짬뽕의 원형.

초마면이란?

중식당 메뉴판에는 음식 이름 옆에 한자가 쓰여 있는 경우가 많아요. 짬뽕 옆에는 종종 '초마(炒碼)', 혹은 '초마면(炒碼麵)'이라고 써 있는 걸 볼 수 있어요.

그런데 짬뽕을 팔면서도 '초마(면)'이라는 메뉴가 따로 있는 경우도 종종 있습니다. 과연 '초마면'은 뭘까요?

짬뽕은 산동 지방 '초마면'에서 유래되었을 확률이 큽니다. 초(炒)는 '볶을 초'로 볶았다는 의미를 나타냅니다. 볶음밥의 경우 '햇반' 할 때 밥반(飯) 자를 붙여서, '초반'(炒飯: 차오판)이 되는 거고, 중식당에서 많이 파는 초면(炒麵)은 볶은 면 음식을 의미하죠.

초면(炒麵)과 다르게 초마면(炒碼麵)의 '마'(碼)는 '마노 마'로 해물 등의 건더기를 의미합니다. 중국 전체로 보면 초마면(炒碼麵)은 살짝 건더기가 있는 국물이 자작한 볶음짬뽕 같은 음식인데, 우리나라 중식의 기반이 된 산동 지방의 초마면은 묽은 국물이 있는 우리나라식 백짬뽕과 비슷합니다. 그래서 초마면은 짬뽕을 의미하기도 해요.

오래된 중식당, 화교 중식당 중에서는 '초마면'이라고 해서 맵지 않은 옛날식 초마면을 파는 경우도 있습니다. 이런 경우 우리나라 초창기의 짬뽕을 맛볼 수 있어요.

이 책에 소개된 곳들 중에 초마면을 파는 곳은 다음과 같습니다.

모두 노포이면서 중식 요리들이 맛있는 곳들입니다.

신일반점(p168)

북경반점(p148)

쌍용반점(p198)

인천국제공항 근처에도 맛있는 짬뽕집이 있어요

양자강

주소 인천시 중구 용유서로 494
찾아가기 인천공항2터미널역에서 버스로 30분
운영 시간 월요일-금요일 11:00~21:00, 토요일-일요일 10:00~21:00
주요 메뉴 및 가격
왕갈비짬뽕 17,000원 / 간짜장 8,000원 / 탕수육(소) 22,000원

갈비 짬뽕의 강자

우리나라에서 유동 인구가 가장 많은 섬은 여의도가 아니라 '영종도'일 수도 있습니다. 대한민국의 관문 인천국제공항이 있어서, 하루에도 수십만 명이 왕래를 하니까요. 영종도는 비행기 시간 때문에 머무르게 될 때도 있고, 골프를 치는 분들도 이용을 많이 하기에 근처 짬뽕 맛집은 필수 코스입니다. 영종도 을왕리의 터줏대감 '양자강'은 보통의 요리와 식사들도 먹을 만하지만 '왕갈비짬뽕'이 특별히 유명합니다.

왕갈비짬뽕

양자강의 왕갈비짬뽕은 갈비짬뽕 중에서도 퀄리티가 상당히 좋습니다. 소갈비의 양도 많고, 고기 자체의 품질도 좋은데, 마치 갈비찜같이 잘 익혔어요.
근데, 갈비의 맛이 짬뽕 전체에 균형 있게 어우러진 느낌은 아니에요. 하지만 오히려 그게 장점입니다. 갈비는 갈비대로 해물짬뽕은 해물짬뽕대로 구분이 되는 맛인데, 맛있는 갈비와 해물짬뽕을 각각 먹은 느낌이 듭니다. 짬뽕 가격이 비싼 느낌이 있지만 막상 드시고 나면, 독특한 음식을 기분 좋게 잘 먹었다는 생각이 들 거예요.

키다리짬뽕아저씨 픽 side menu

간짜장

물기 없이 되직하게 잘 볶았습니다. 단짠이 적당해서 '짜장 파'이신 분들도 맛있게 드실 수 있습니다.

탕수육

부먹. 고기의 묵직한 느낌이 있으면서도 부드러워서 영종도 바닷가에서 이 정도 탕수육이라면 충분히 좋습니다.

품질이 좋은 소갈비가 웬만한 갈비탕보다 많이 들어 있어요.

 짬뽕 맛 한줄평! 기본기가 탄탄한 짬뽕에, 퀄리티 좋은 소갈비가 아주 많이!

 매운 정도

중구 173

인천의 중식당은 이쯤 되어야 한다!

전가복

주소 인천시 중구 신포로35번길 12
찾아가기 신포역에서 도보 9분
운영 시간 화요일-일요일 11:00~21:00
주요 메뉴 및 가격
짬뽕 7,000원 / 간짜장 6,000원 / 탕수육(소) 20,000원 / 난자완스(소) 22,000원 /
팔보채(소) 26,000원 / 유산슬(소) 23,000원

이 식당은 모든 요리의
가격이 합리적입니다.

식당의 이름도 행복하고 가격도 행복한 중식당

인천의 중식당 '전가복'은 차이나타운 근처 신포시장에 있습니다. 차이나타운 안에 좋은 중식당들이 많지만 차이나타운 근처에도 작은 화교 중식당이 많습니다. 그중에 맛있는 곳이 바로 이곳입니다.

'전가복'이라는 이름은 고급 중식 요리의 이름이기도 하죠. 말 그대로 '모든 가족이 행복하다'라는 뜻이라서, 식당의 이름으로도 아주 행복합니다.

이 주변에는 역사가 깊은 대형 중식당들도 많지만, 전가복은 작지 않고 크지 않은 중식당. 대부분의 요리들과 식사들이 비싸지 않으면서도 맛있어서 많은 분들이 좋아하실 스타일의 가게입니다. 팔보채, 난자완스, 깐풍기, 고추잡채 등 모든 요리들을 소짜로 팔아서 다양하게 드셔보는 걸 추천합니다.

짬뽕

차이나타운 인근 지역에서도 맛있는 짬뽕입니다. 최고급 중식 레스토랑이나 정통 중식당에서는 요리들이 훌륭하고 짬뽕은 오히려 소홀한 경우도 많은데, 이곳은 짬뽕까지도 신경 써서 만든 느낌이 있어요.

바로 볶아서 나오는 느낌이 아주 좋고, 불 향이 살짝 나고 딱 맛있을 만큼 살짝 매운맛이 느껴집니다. 재료는 오징어와 돼지고기가 기본이지만 손질된 홍합과 바지락이 들어 있어서 감칠맛이 좋아요. 이 정도 짬뽕이 7천 원인 건 최고의 가성비입니다.

키다리짬뽕아저씨 픽 side menu

탕수육

부먹. 바삭한 편은 아닌 부드러운 탕수육이지만 튀김옷이 두껍지 않아요. 고기가 튼실하고, 촉촉하고, 식어도 왠지 더욱 맛있는, 훌륭한 탕수육의 전형입니다.

 짬뽕 맛 한줄평! 바로 볶아 나오는 느낌으로 간, 내용물, 매운 정도, 가격까지 완성도 높은 화교 중식당 짬뽕! **매운 정도** 🌶🌶🌶

since 1918

인천 차이나타운 근처에서도 아주 맛있는 식당입니다

중화루

주소 인천시 중구 홍예문로 12
찾아가기 신포역에서 도보 8분
운영 시간 매일 11:00-21:00
주요 메뉴 및 가격
삼선짬뽕 10,000원 / 마라육면 10,000원 / 유니짜장 9,500원 / 난자완스 38,000원

이 책에서 제일
오래된 중식당!

다양한 요리들도 아주
맛있는 식당이에요.

107년 된 중식당의 짬뽕!

인천 차이나타운 근처에는 가볼 만한 중식당이 많지만, 그중에서도 '중화루'는 100년이 훨씬 넘는 역사를 지닌 정통 맛집.

오래된 중식당의 경우 오히려 요즘 입맛에 잘 안 맞는 경우도 있는데, 여기 '중화루'는 어르신 입맛부터 젊은 입맛까지 모두 잘 맞을 만한 요리와 식사를 내놓습니다. 짬뽕도 일반 짬뽕부터 굴짬뽕, 삼선짬뽕, 삼선고추짬뽕, 삼선부라마까지 다양하고, 짬뽕과 비슷한 '마라육면'도 별미입니다.

자체 건물을 가지고 있는 큰 중식당인데도, 요리부터 식사까지 빠지는 게 없습니다.

삼선짬뽕
적당히 진한 국물은 첫 국물부터 더할 나위 없이 맛있습니다. 재료는 지나치게 푸짐하지 않아서 오히려 좋아요. 감칠맛과 살짝 센 간은 오히려 잘 어울립니다. 어렸을 때 먹던 맛있는 짬뽕이 먹고 싶다면 이곳을 찾아가세요.

키다리짬뽕아저씨 픽 side menu

마라육면
고기짬뽕이 당기시면 이곳만의 '마라육면'을 추천합니다. 시중의 마라탕과는 맛이 다르고, 향신료 향은 강하지 않아 우리 입맛에 잘 맞습니다. 홍소육처럼 생긴 고기들이 적지 않게 들어가 있습니다. 각종 야채들을 볶은 느낌이 이 가게만의 묵직한 국물과 좋은 하모니를 이룹니다.

난자완스
푸짐한 양, 촉촉함과 육질이 잘 살아 있는 완자, 간이 좋은 굴소스, 야채들 볶은 느낌까지. 이것이 바로 정통 난자완스!

 짬뽕 맛 한줄평! 어렸을 때 정말 맛있게 먹던 짬뽕의 실사 버전. **매운 정도**

먹다 보면 점점 줄어드는 게 아쉬운 볶음밥

중화방

주소 인천시 중구 신포로27번길 43

찾아가기 신포역에서 도보 12분

운영 시간 월요일-일요일 11:30~20:00, 매주 수요일 휴무

주요 메뉴 및 가격

짬뽕 7,000원 / 볶음밥 7,000원 / 고기튀김 14,000원 / 탕수육 18,000원 /
난자완스 20,000원 / 깐풍꽃게 40,000원

볶음밥 엄지 척! 명성에 비해 가격도 좋아요.

중식이 제일 맛있다고 소문난 신포시장의 중식집

우리나라에서 중식이 제일 맛있다는 동네 인천 중구 신포시장. 그중에서도 작고 오래된 화교 중식당, 식사하고 나올 때마다 만족하고 나온다는 '중화방'입니다.

짬뽕은 평범하다기보다는 뭔가 '독특한 다른 음식' 같지만, 볶음밥을 비롯한 모든 메뉴들이 매력 있어서 소개할 수밖에 없어요.

짬뽕

우리가 아는 짬뽕과는 맛이 다르지만 이색 음식 같으면서도 편하게 맛있습니다.
하지만 당연히 짬뽕입니다. 맵거나 짜지 않고 정갈해요. 다른 음식을 훌륭히 도와주는 농구 어시스트의 황제 '존 스탁턴' 같은 맛.

키다리짬뽕아저씨 픽 side menu

볶음밥

최고의 중식볶음밥을 꼽을 때 항상 거론되는 집.
밥알의 꼬득함, 불 향, 간, 고소함, 기름 코팅, 고슬고슬 볶은 정도까지 말로 설명할 수 없을 정도로 최고예요. 짜장소스는 없지만, 달걀프라이는 올라가 있어요. 먹다 보면 점점 줄어드는 게 아쉬워요.

난자완스

난자완스, 볶음밥, 짬뽕 콤비네이션을 시켜서, 둘이 나눠 먹기 딱 좋습니다. 고기완자는 동그랑땡 사이즈로 마치 '화전' 같이 납작하고, 겉 바삭 속 촉촉도 아니고, 고기가 두껍지도 않지만, 전체적으로 촉촉한 느낌이 최고예요.

깐풍꽃게

중화방의 시그니처 메뉴. 튼실한 꽃게를 잘라 튀긴 후에 깐풍소스를 입혔습니다. 익힌 정도도 좋고, 소스의 감칠맛과 간도 최고예요. 껍질째 씹어 먹으면 어디서도 먹어보지 못했던 맛을 느낄 수 있어요.

 짬뽕 맛 한줄평! 좋은 재료로 기분 좋게 볶은, 우리가 아는 짬뽕과는 다른 맛.

 매운 정도 🌶🌶🌶

100% 예약제로 운영되는 시골 중식당

금문도

주소 인천시 강화군 강화읍 중앙로 43 2층 213호
찾아가기 홍대입구역에서 광역버스로 1시간 30분
운영 시간 화요일-일요일 9:30~15:00
주요 메뉴 및 가격
강화백짬뽕 12,000원 / 강화속노랑간짜장 11,000원 / 강화순무탕수육 23,000원 /
강화섬쌀볶음밥 11,000원

예약한 손님들로 항상
문전성시를 이루는 곳.

예약까지 해서 겨우 갈 수 있는 인기 많은 중식당이
강화도에 있다고?

'금문도'를 검색하시면 깜짝 놀라게 됩니다. 도심도 아닌 강화도 터미널 상가의 중식
당이 왜 이렇게 핫플레이스일까? 강화대교를 건너서 강화터미널 2층에 자리한 '금문
도'는 이전부터 있던 오래된 중식당이지만 젊은 셰프님이 가게를 맡은 후 환골탈태하
여, 트렌디한 중식을 파는 초인기 중식당이 되었습니다.
저녁 장사 없이 오후 3시에 끝나는데 미리 예약하지 않으면 식사가 힘듭니다. 실제로
드셔보면 짜장, 짬뽕, 볶음밥, 탕수육은 독특한 이름만큼이나 특별한 맛을 보여주고,
꽤나 별미입니다.

강화백짬뽕

해물과 비주얼로 승부하는 백짬뽕 같지만, 첫 국물을 먹는 순간부터 '셰프님이 실력 있으시겠구나~' 하는 생각이 들어요. 하얀 국물에 비해 꽤나 칼칼하고, 시원하면서도 감칠맛이 좋습니다. 오징어가 통으로 들어가 있고, 새우와 전복도 들어가 있어서 고급스럽습니다. 굉장히 맛있는 해물칼국수 맛과도 비슷하지만 엄연한 짬뽕입니다.

키다리짬뽕아저씨 픽 side menu

강화순무탕수육

탕수육이라기보다는 '폰즈소스 유린육' 같은 느낌이지만 꽤 맛있습니다. 튀김 자체의 퀄리티가 예술. 밑간, 고기의 숙성도, 고기 자체의 맛, 튀긴 정도도 좋아요. 게다가 순무와 같이 먹는 맛과 소스의 조합도 좋아서, 마치 일본의 고급 튀김 요리 같습니다.

강화속노랑간짜장

기상천외한 비주얼. 자가제면 쑥면 위에, 고구마채튀김이 산처럼 쌓여 있습니다. 단짠이 강조된 소스는 호텔 짜장 같은 고급스런 맛입니다. 간짜장답게 소스는 물기가 많지 않고 풍미도 좋지만, 살짝 달달하기 때문에 아이들까지도 좋아할 맛입니다.

 짬뽕 맛 한줄평!
'이것이 짬뽕인가' 하는 생각이 들지만
좋은 해물 재료에 칼칼하며 시원한 감칠맛의 백짬뽕.

 매운 정도

'CNN'이 인정한 바다 풍경이 있는 선재도의 중식당

복건성

주소 인천시 옹진군 영흥면 선재로34번길 23
찾아가기 오이도역에서 버스로 45분
운영 시간 월요일-일요일 10:30~19:30, 매주 수요일 휴무
주요 메뉴 및 가격
업진살짬뽕 9,000원 / 탕수육(소) 16,000원

가게 바로 앞에도, 멋진
섬이 있어요.

서해안 섬에서 맛보는 업진살 짬뽕

대부도는 가볍게 떠나기 좋은 대표적인 서울 근교 여행지입니다.

이 근처에는 대하구이, 바지락칼국수 등의 서해 해물 음식들이 유명하고 맛있는데, 해물이 물렸을 때 선재도의 '업진살짬뽕'은 딱 좋은 처방이 될 수 있어요.

복건성이 있는 선재도는 대부도와 다리로 바로 붙어 있지만, 안산시인 대부도와는 다르게 인천광역시 옹진군이라니 재미있습니다. 선재도 목섬은 CNN이 선정한 대한민국에서 가장 아름다운 섬이라고도 하고, 바다가 보이는 예쁜 카페들도 운치가 있습니다.

업진살짬뽕

업진살은 우삼겹, 차돌박이와는 다르지만, 지방과 육즙이 많아서 고기 풍미가 좋다는 공통점이 있고, 외형이 비슷합니다. 짬뽕에 업진살이 올라가 상당히 푸짐해요. 파채가 느끼함을 잡아주니, 고소한 육 향만 남았고요. 많이 맵지는 않지만 칼칼하고, 간은 센 편인데 육 향과 잘 어울려요. 양파, 당근, 호박을 볶아서, 고기 느낌과의 밸런스도 좋아요. 선재도 바닷가에서 이런 고기짬뽕을 맛볼 수 있다는 것만으로도 추천해요.

키다리짬뽕아저씨 픽 side menu

탕수육

찍먹. 살짝 단단할 정도로 바삭한 탕수육에 파채를 올렸어요. 소스는 시큼하기보다 달달합니다.

짬뽕 맛 한줄평! 바닷가에서 해물만 먹다가, 느끼한 짬뽕과 탕수육이 생각날 때 딱 좋아!

매운 정도 〃

원주시 ─
· 금룡
· 유가호

속초시
· 란이

강릉시
· 교동반점

동해시
· 덕취원

강원도

강원도는 수도권보다 넓지만 인구수는 서울보다는 적은 지역. 하지만 수도권과 인접한데다가 동해를 끼고 있어서 해산물이 풍부한 대표 관광지입니다. 그래서 다양한 맛집이 많아요.
'맛있는 중식당'과 '맛있는 짬뽕집'은 다릅니다. 여러 가지 이유에서 가보실 만한 짬뽕이 맛있는 강원도 중식당 5곳을 소개합니다.

강원도 중식당의 한 축!

금룡

주소 강원도 원주시 남원로 26
찾아가기 KTX 원주역에서 버스로 12분
운영 시간 매일 11:30~21:30
주요 메뉴 및 가격
삼선짬뽕 10,000원 / 군만두 8,000원 / 탕수육(소) 23,000원

온갖 매체에 꾸준히 소개되어온
고수 셰프님의 가게.

원주시 외곽의 이 중식당은 강원도의 자존심 같은 곳

'금룡'은 이미 많은 중식 마니아들이 잘 알고 있는 지역 대표 중식당.
단지 요리가 맛있는 중식당이라고 소개를 하진 않겠죠. 여기는 진득한 국물에 정갈한
느낌까지 아주 좋은 삼선짬뽕이 있고요. 짬뽕과 같이 먹을 메뉴로는 부추 제철에만
파는 군만두도 있습니다. 당연히 중식 맛집답게 다양한 요리들이 맛있습니다.

여기는 난자완스, 고추잡채, 유산슬 같은 우리나라 사람들이 좋아하는 모든 중식 요리가 다 맛있어서 장점이 꽉 찬 중식당입니다.

삼선짬뽕
짬뽕 마니아, 중식당 짬뽕을 좋아하시는 분들, 여성 분들, 호텔 짬뽕 스타일을 좋아하시는 분들까지 모두 만족시킬 수 있어요. 맵고 칼칼하면서 짜진 않으면서도 좋은 간, 고급스러운 불맛!
삼선짬뽕이라고 하기엔 해물이 많은 편은 아니지만 조개, 오징어, 소라살이 주는 짙은 풍미가 좋아서 틀림없이 맛있습니다.

키다리짬뽕아저씨 픽 side menu

군만두
수제 군만두가 유명합니다. 단, '호부추'가 제철이 아닐 때에는 팔지 않아요. 그래서 오히려 더 귀한 느낌이 들고요. 주문하면 6알이 나옵니다. 만두피는 한쪽 면은 바삭하게 구워지고 한쪽 면은 촉촉하게 구워져서 그것만으로도 식감이 좋아요. 만두소의 고기와 부추의 향을 느껴보세요.

탕수육
흠잡을 데가 하나도 없습니다. 계피 향이 살짝 나는 기분 좋은 부먹 소스부터, 쫄깃함과 부드러움이 공존하는 고기튀김까지! 잡내와 느끼함도 적어 남녀노소 모두 좋아할 맛이에요.

짬뽕 맛 한줄평! 짙은 해물의 풍미, 꽉 찬 육수의 맛, 칼칼함까지 갖춰진 강원도의 짬뽕.

매운 정도

since 1972

50년 넘게 꾸준히 조리하시는 노사장님

유가호

주소 강원도 원주시 원일로 209-1
찾아가기 원주터미널에서 버스로 9분
운영 시간 월요일-일요일 9:00~21:00, 매주 목요일 휴무
주요 메뉴 및 가격
홍합새우짬뽕 8,000원 / 간짜장 8,000원 / 군만두, 찐만두 7,000원 /
탕수육(소) 13,000원

사장님의 조리사 면허 취득
연도를 확인해보세요.

최초의 빨간 짬뽕은 이런 맛이 아니었을까

강원도라는 이름이 '강릉'과 '원주'에서 온 걸 볼 수 있듯이 원주시는 신라 시대부터 전
통 있는 강원도의 대표 도시. 그만큼 오랜 세월 동안 영업해온 중식당도 많고, 없어진
중식당도 많아요.

'유가호'는 이름에서도 알 수 있듯이 화교 중식당입니다. 50여 년 전 '득승원'이라는 이
름으로 같은 자리에서 꾸준히 영업하던 중식당이 10여 년 전에 '유가호'라는 이름으로

바꾸어 영업을 합니다. 70대 후반에 접어드신 사장님은 아직도 건강하시고, 사모님은 직접 만두를 빚으십니다. 노부부가 운영하지만 실내는 아주 깨끗해요.

홍합새우짬뽕

빨간 짬뽕의 시초는 1970년대 충북, 영서 지방에서 시작되었다는 이야기가 있어요. 노사장님의 빨간 짬뽕은 원형에 가까울 확률이 크겠죠. 새우와 홍합 그리고 유슬고기에 호박, 당근, 양파를 가볍게 볶은 시원한 빨간 짬뽕.
요즘 짬뽕에 비해 자극적인 맛은 적지만 기분 좋은 감칠맛이 느껴져요. 건강하고 좋은 재료를 쓴 50년 경력의 내공을 느낄 수 있어요. 이런 곳이야말로 다니면서 먹어봐야 할 짬뽕이에요.

키다리짬뽕아저씨 픽 side menu

간짜장

옛날 간짜장 그 자체. 짬뽕과 달리 강한 춘장 향으로 간이 세고, 단맛은 거의 없는 편이에요. 양파 등의 재료를 볶은 춘장 소스는 너무 되직하지 않지만 강해요. 요즘에는 '뻑뻑한 간짜장'이 유행이지만, 노포의 간짜장들은 완전히 뻑뻑하진 않아요.

찐만두

사모님이 직접 만드는 군만두와 찐만두는 맛있는 별미. 고기, 부추, 양파로 만든 만두소가 아주 기가 막힌 간으로 들어갔어요. 만두피 역시 적당한 발효가 느껴집니다. 군만두도 좋지만, 이런 만두는 찐만두로 드셔보세요.

탕수육

우리가 어렸을 때 먹었던 탕수육 중 맛있는 탕수육. 케첩 없이 투명한 소스에 파인애플, 당근, 목이버섯, 부추, 양파가 들어가 있어요. 크리스피하지 않게 몽글몽글한 고기튀김을 소스와 함께 씹는 맛이 좋아요.

 짬뽕 맛 한줄평! 좋은 재료들을 깔끔하게 볶아내고 고춧가루를 넣어 만든 감칠맛.

 매운 정도

근처에서 찾기 힘든 화교 출신 중식당

란이

주소 강원도 속초시 밤골3길 30
찾아가기 속초 델피노(대명콘도)에서 운전해서 10분
운영 시간 화요일-일요일 11:00~19:30
주요 메뉴 및 가격
짬뽕 9,000원 / 차돌짬뽕 11,000원 / 중화비빔밥 9,000원 / 탕수육 20,000원

속초에서 중화비빔밥을
만날 수 있다니!

속초에서 맛있는 짬뽕을 찾다가 발견한 식당

속초는 대표적인 동해의 휴양 도시입니다. 당연히 다양한 해산물 음식들이 많지만,
며칠 지내다 보면 매콤한 '짬뽕'이 당길 때가 있어요.

해산물이 풍부한 지역인데 관광지이다 보니 맛있는 짬뽕들이 많아요. 사장님의 아버
지는 40년간 '송죽장'이라는 화교 중식당을 운영하셨고, 그 요리 실력을 물려받아 주

택 단지 가운데서 10년째 '란이'를 운영하고 계십니다. 처음 오시면 평범한 가게라고 느낄 수도 있는데, 탕수육과 짬뽕을 맛보시는 순간 "어? 이건 전형적인 맛있는 화교 중식당 짬뽕인데? 속초에도 이런 데가 있구나" 하실 거예요.

짬뽕

여기는 차돌짬뽕도 맛있지만 일반 짬뽕을 드셔도 훌륭합니다. 진하면서 깔끔한 육수의 간이 좋아요. 재료는 돼지고기, 오징어, 알새우 등이 들어가고 부추가 올라가 있어요. 목이버섯, 양파, 당근 등을 갓 볶아 나온 느낌까지 완벽한 '딱 우리가 아는 맛있는 짬뽕'.

키다리짬뽕아저씨 픽 side menu

탕수육

역시 부먹이 기본. 전형적인 옛날 탕수육의 맛있는 버전입니다. 요즘에는 다양하고 독특한 탕수육이 많지만 옛날 맛이 그리울 때가 있죠.

중화비빔밥

대구의 중화비빔밥처럼 간이 세진 않지만 고기, 오징어, 야채를 밥과 비벼 먹기 좋은 맛으로 은은하게 볶았고, 달걀프라이까지 올라갔어요.
불 향이 잘 살아 있고, 짜지 않고 달지 않게 맛있는 전형적으로 맛있는 중화비빔밥입니다.

짬뽕 맛 한줄평! 속초에서 만날 수 있는 빈틈없는, 화교 중식당 짬뽕.

매운 정도

since 1979

옛날 전성기 시절과 크게 다르지 않아요

교동반점

주소 강원도 강릉시 강릉대로 205

찾아가기 KTX 강릉역에서 도보 18분

운영 시간 화요일-일요일 10:00~18:00

주요 메뉴 및 가격

짬뽕면 12,000원 / 짬뽕밥 12,000원 / 군만두 8,000원

여기가 바로 수많은 교동반점의 모태!

전국 '교동반점'들의 뿌리

우리나라 짬뽕집 이름 중에는 '교동반점' 혹은 '교동짬뽕'이 많습니다. 그 원류는 강릉 '교동반점'이고요. 그만큼 전통 있는 짬뽕 명가입니다. 강릉시 교동 사거리에 있어서 교동짬뽕이고, 40년이 훌쩍 넘는 노포로 옛날부터 '전국 5대 짬뽕'으로 유명했어요. 이미 많은 식객들이 방문했던 곳입니다.

맛이 변했다는 사람들도 있고, 전국의 수많은 교동짬뽕과는 살짝 맛이 다릅니다. 하지만 여전히 매력 있는 짬뽕이라는 건 변함이 없습니다.

짬뽕 좋아하는 분들은 동해 쪽으로 드라이브를 가면, 어쨌든 한번 들러보셔야 하는 집입니다. KTX 강릉역과 멀지 않아서, 대중교통으로 가시기에도 좋아요. 워낙 인기 있는 집이라서, 주말은 피하시는 게 좋습니다.

짬뽕면
아주 진해 보이는 시뻘건 짬뽕 위에 깨가 올라가 있는 게 원조 교동반점 짬뽕 비주얼의 특징입니다.

후추 향이 아주 강하고, 육수는 진하다 못해 '찐한' 느낌이 있고요. 조개와 홍합 맛이 강해서 감칠맛이 상당해요. 국물 색에 비해서 매운맛은 오히려 적고, 대신 간은 꽤 센 편입니다. 짜다고 하실 분들도 있을 듯하지만, 조개류의 감칠맛 때문에 짠맛이 자연스럽게 느껴집니다.

재료는 고기 약간, 오징어 약간, 손질된 홍합, 바지락이 들어 있어요. 볶은 것보다는 살짝 끓인 듯한 느낌도 있어서 중식이 아니라 우리나라 음식 같은 느낌도 있습니다. 면발은 약간 불규칙한데 오히려 육수를 잘 머금어서 좋아요.

 진한 국물, 센 간, 풍부한 해물 향의
역사와 전통의 짬뽕.

since 1936

덕취원

주소 강원도 동해시 대동로 118
찾아가기 KTX 동해역에서 버스로 11분
운영 시간 월요일-일요일 11:00~20:40, 매주 수요일 휴무
주요 메뉴 및 가격
삼선짬뽕 13,000원 / 볶음밥 9,000원 / 난자완스 38,000원 / 탕수육(소) 23,000원 /
게살샥스핀 65,000원

삼선짬뽕을 먹기 위해 일부러 KTX 타고 찾아가는 곳

여기는 'since 1936', 90년에 가까운 역사를 가진 아주 오래된 중식당이면서도 대부분의 요리와 식사들이 맛있는 곳이에요.

당연히 짬뽕과 짜장면도 맛있고, 고급 요리 맛집입니다. 시그니처 메뉴가 '게살샥스핀'일 정도예요. 그리고 최고의 삼선짬뽕이 있습니다.

탕수육, 깐풍기, 난자완스, 팔보채, 유산슬까지 우리가 아는 음식을 시키면 다 맛있습니다. 단지 옛날 맛이 아니에요.

삼선짬뽕

일반 짬뽕과 차이가 큽니다. 마치 고급 요리 같습니다. 신선한 해물이 많이 들어 있고, 진한 육수의 맛이 인상적이면서, 간도 아주 좋습니다.

오징어, 새우, 해삼도 푸짐하고 전복에 조갯살, 굴과 죽순에 송이까지 들어 있어요. 육수는 묵직하고 깊은 맛인데 해물과의 조화가 좋아서 입에 넣는 순간 탄성이 나옵니다. 키다리짬뽕아저씨 픽 전국 12대 짬뽕!

키다리짬뽕아저씨 픽 side menu

볶음밥

볶음밥을 잘 볶는 곳이 실력 있는 중식당이라고도 하는데, 여기가 그렇습니다. 재료, 간, 불 향 모두 꽤 좋습니다. 밥알은 고슬고슬하기보다는 촉촉한 느낌에 가깝습니다.

게살샥스핀

가격대가 있는 음식이지만 이곳의 시그니처 요리로 꼭 드셔보길 추천합니다. 위에는 달걀 흰자에 고추기름이 올라가 있고 밑에는 게살, 해삼, 새우, 버섯, 야채 등에 상어지느러미가 미세하게 섞여 있어요. 비싼 음식 같지만 양이 많아서 여러 명이 나눠 드시기에 좋아요. 다른 데서는 맛볼 수 없는 별미예요.

곱빼기로 시키면 해물 요리 같은 푸짐한 짬뽕이 나와요.

 푸짐하고 신선한 고급 재료, 진득한 육수와의 조화, 매운맛과 간까지 좋은 우리나라 최고의 삼선짬뽕!

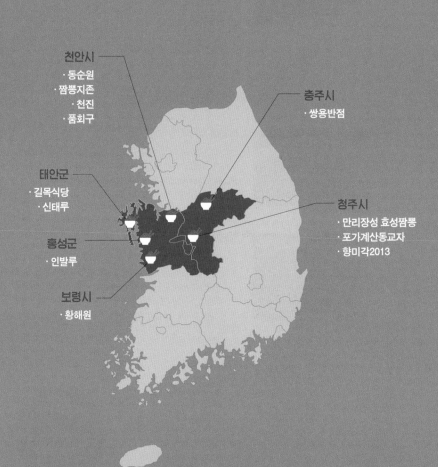

천안시
· 동순원
· 짬뽕지존
· 천진
· 품회구

충주시
· 쌍용반점

태안군
· 길목식당
· 신태루

청주시
· 만리장성 효성짬뽕
· 포가계산동교자
· 향미각2013

홍성군
· 인발루

보령시
· 황해원

충청도

인구수가 많은 수도권과 맛의 고장 전라도의 중간에 위치한 충청도! 교통의 요충지답게 짬뽕 맛집도 많고, 지역 색이 강한 향토 짬뽕집도 많아요.
찾아가서 먹어볼 만한 충청도 짬뽕집과 중식당 12곳을 소개합니다.

이런 중식당이 우리 집 근처에 있었으면

쌍용반점

주소 충청북도 충주시 충인6길 28
찾아가기 충주터미널에서 버스로 15분
운영 시간 화요일-일요일 11:30~20:00
주요 메뉴 및 가격
삼선짬뽕 8,000원 / 소마면 7,000원 / 간짜장 6,000원 / 탕수육(소) 15,000원 /
난자완스 28,000원 / 팔보채 35,000원

정말 맛있는 난자완스를
볶음밥과 함께 드셔보세요.

충주를 지나간다면 꼭 들러야 할 중국집

'쌍용반점'은 짬뽕도 좋지만 요리들이 맛있어서 추천하는 식당입니다. '충주'는 소도시
같지만, 과거에는 대표적인 지방 거점 도시였어요. 그래서 운치가 있고, 재래시장도
많이 섭니다. 자유시장 옆에 위치한 노포 화상 중국집 '쌍용반점'은 외관부터 고즈넉
한 느낌이 있고, 식사와 탕수육뿐만 아니라 요리까지 아주 맛있는 지역 대표 전통 중

식당이에요.

심지어 짬뽕도 맛있게 볶습니다. 수도권보다 가격도 좋으니 근처를 지나게 된다면 꼭 들러보세요.

삼선짬뽕

일반 짬뽕보다는 삼선짬뽕을 추천해요. 비주얼부터 상당히 좋아요. 맵지 않지만 칼칼한 느낌이 명확하고, 자극적이진 않지만 불 향은 살아 있습니다.

오징어, 갑오징어, 튼실한 새우, 건홍합, 버섯, 죽순, 청경채에 배추까지 들어 있어서 아주 시원합니다. 깔끔하면서도 수준 높은 화교 식당의 삼선짬뽕.

소마면

칼칼한 맛이 없는 백짬뽕. 오징어, 건홍합, 버섯, 각종 야채를 과하지 않게 볶았는데 별미입니다. 시초의 '초마면'은 이런 느낌이 아니었을까.

키다리짬뽕아저씨 픽 side menu

난자완스

고기 식감과 맛이 살아 있고 촉촉한 육즙도 잘 느껴져요. 한 알 한 알이 상당히 크고 두꺼워서 먹음직스럽습니다. 이 정도 퀄리티의 이 정도 양에 이 가격이라니, 배불러도 먹어야지요.

팔보채

해삼과 새우, 오징어 등의 해물이 좋고 버섯, 죽순, 야채의 식감까지 기분 좋게 볶았어요. 역시 간이 안 세면서 맛있어요. 양도 푸짐해서 확실히 서울과는 다르죠.

 짬뽕 맛 한줄평! 다양한 좋은 해물, 깔끔한 야채를 기분 좋게 볶은 시원하고 칼칼한 '삼선짬뽕'. **매운 정도** 🌶🌶🌶

특유의 진득한 매운맛 짬뽕!

만리장성 효성짬뽕

주소 충청북도 청주시 흥덕구 강내면 태성탑연로 386, 1층
찾아가기 청주 고속버스터미널에서 버스로 20분
운영 시간 매일 11:00~21:00
주요 메뉴 및 가격
효성짬뽕 9,000원 / 탕수육(소) 18,000원

10여 년 전 청주의 진득한 짬뽕의 부활

10여 년 전, 청주에서 짬뽕을 찾아다닐 때 그 당시 율량반점과 함께 가끔 들렀던 '효성반점'. 독특한 매력의 실내 분위기와 그곳만의 진득하고 매운 짬뽕이 유명했는데 사라져서 아쉬웠어요. 그런데 이렇게 청주시 외곽 강내면으로 돌아와 있습니다.

효성짬뽕

알아두셔야 할 건 상당히 맵다는 겁니다. 일반 짬뽕과 효성짬뽕의 느낌이 완전히 다르니, 이곳에서는 효성짬뽕을 드셔봐야 합니다.

소개되는 짬뽕 중에 가장 진득하고 걸쭉한 국물입니다. 보기에도 시뻘건데 실제로도 많이 매워요. 하지만 화학 재료 없이 고춧가루로 승부한 느낌이에요.

이런 느낌을 주는 짬뽕이 여기밖에 없을 뿐더러, 상당히 매워서 호불호가 있습니다. 한번 드셔보고 입맛에 맞는 분들은 계속 먹게 되는 맛이에요.

키다리짬뽕아저씨 픽 side menu

탕수육

탕수육 역시 독특해요. 밑에 삼각 튀김만두가 깔려 있고, 완두콩과 피망, 옥수수로 토핑했어요. 탕수육 소스 역시 살짝 매운 기운이 있어서 매운 음식을 좋아하는 분이 가시면 좋습니다.

으아, 효성반점이 살아 있었구나!

 짬뽕 맛 한줄평! 시뻘겋고 진득한 육수로 아주 매운맛이지만 이상하게 자꾸 생각난다.

 **매운 정도**

요리, 만두, 짬뽕까지 모든 음식이 맛있는 중식당

포가계산동교자

주소 충청북도 청주시 청원구 율량로3번길 29, 1층

찾아가기 청주여객북부정류소에서 하차 후 버스로 10분

운영 시간 월요일-토요일 11:00~21:00

주요 메뉴 및 가격

삼선짬뽕 13,000원 / 유니짜장 10,000원 / 볶음밥 9,000원 / 탕수육 18,000원 /
군만두, 물만두, 통만두 9,000원~10,000원

포청천의 직속 후예 사장님이 볶아주는 짬뽕

짬뽕만 드시는 것도 좋지만, 맛있는 만두나 간단한 요리를 같이 먹을 때 만족도가 더 높을 때도 있는데 여기가 그렇습니다.

가게 이름에서 알 수 있듯 '포'씨 성을 가진 화교 사장님이 운영하는 곳으로 실제로 사장님은 '포청천'의 직속 후예라고 하십니다. 간판에 '산동만두, 산동교자, 산동포자'가 있으면 중식 맛집인 경우가 많은데 여기도 그렇습니다. 이 책에 소개되는 서울 신촌 '완차이'의 친척이기도 합니다. 역시 맛집들은 다 연관이 있구나 싶습니다.

202

삼선짬뽕

화교 중식당의 개성 있고 맛있는 삼선짬뽕의 전형이 궁금하다면 이곳을 찾으시면 됩니다. 진하고 맛이 세면서 국물에서 느끼함이 느껴지지 않아요. 해삼, 큰 새우, 오징어, 소라살, 낙지에 죽순, 버섯, 배추, 청경채의 시원한 맛까지 일품이에요.
불 향이 강하지 않고 고기 육수 맛이 적은데도 해물 느낌이 강해서 개성 있어요.

키다리짬뽕아저씨 픽 side menu

고기볶음밥

볶음밥을 잘 볶으면 중식 맛집이라고 했던가요. 파, 당근, 달걀, 고기가 적당하고 불 향, 밥알, 기름 향, 간까지 명확합니다.

군만두, 물만두, 찐만두

산동식 만두답게 피가 적당히 두꺼워서 씹으면 그것만으로도 식감이 좋아요. 느끼하지 않으면서 육즙과 식감이 좋은 만두소는 여기 만두류의 특징입니다.

다양한 산동식 만두를
즐겨보세요.

 해산물과 야채가 풍부하고, 진하면서 칼칼한
전형적인 맛있는 화교 중식당의 고급 짬뽕.

since 2013

조기종의 향미각 청주점이 향미각2013이 되었어요

향미각2013

주소 충청북도 청주시 서원구 용호로5번길 66, 1층
찾아가기 청주고속버스터미널에서 버스로 15분
운영 시간 월요일-토요일 11:00~21:00
주요 메뉴 및 가격
꼬막짬뽕 10,000원 / 등심탕수육 18,000원

꼬막이 정말 많이
들어 있어요.

청주시의 맛있는 꼬막짬뽕

짬뽕 위에 꼬막이 수북이 쌓여 있으면 기분이 참 좋습니다. 과거에 꼬막이 올라가면서 맛있던 중식집은 "우주 최강 짬뽕"이라고 불리던 군산 '복성루'였어요. 복성루 짬뽕이 스타일이 바뀐 후 맛있는 꼬막짬뽕을 찾던 짬뽕인들의 해결책 중 한 군데가 대전과 청주에 있는 '조기종의 향미각'입니다.

얼마 전부터는 대전의 본점은 꼬막이 알꼬막으로 변경되었고, 청주 조기종의 향미각은 단독 가게 '향미각2013'으로 바뀌었습니다. 두 군데 다 맛있는 건 제가 확인했으니 안심하세요.

꼬막을 까는 즐거움이 좋으시면 청주로, 간편함이 좋으시면 대전으로! 저는 꼬막을 까는 과정이 즐겁다고 생각하기에 청주점을 소개합니다. 줄 서는 인기 맛집입니다.

꼬막짬뽕

고기 느낌이 좋은 국물에 조개류의 맛이 더해지면 맛있는 경우가 많습니다. 특히 조개류가 꼬막일 경우엔 쫄깃한 식감과 함께 특유의 감칠맛을 냅니다.

진한 육수에 꼬막 특유의 식감과 맛이 일품입니다. 해물 재료는 순환이 빨라야 신선한데, 손님이 많은 가게라서 아무 문제없습니다.

키다리짬뽕아저씨 픽 side menu

등심탕수육

돼지 냄새가 전혀 없고, 고기가 묵직하면서도 연합니다. 깨끗하고 정갈하게 튀겨서 느끼한 느낌이 없습니다.

짬뽕 맛
한줄평!

신선하고 푸짐한 꼬막, 진한 육수,
센 간이 어우러져내는 기가 막힌 감칠맛.

매운
정도

since 1960

짬뽕계의 평양냉면!

동순원

주소 충청남도 천안시 서북구 성환읍 성환중앙로 33 박치과의원
찾아가기 성환역에서 도보 5분
운영 시간 화요일-일요일 11:00~20:00
주요 메뉴 및 가격
짬뽕 8,000원 / 삼선짬뽕 11,000원 / 간짜장면 8,000원 / 탕수육(소) 18,000원

60년이 넘는 역사의 천안 중식당

짬뽕인들이 천안에 도착하면 먼저 가보셔야 할 곳은 성환읍 '동순원'입니다. 성환읍은
말하자면 천안의 북쪽에 위치한 곳으로 이곳은 시골이 아니라, 1호선이 지나가고, 꽤
큰 마을이 있습니다.

60년이 넘는 오랜 기간 큰 사랑을 받아온 중식당 '동순원'의 짬뽕은 이미 많은 마니아
층을 거느리고 있어요.

짬뽕

감칠맛 나고 불맛 강한 짬뽕을 선호하는 분들은 '이 짬뽕이 뭐가 맛있나?' 싶으실 수도 있어요. 재료가 다양한 것도 아니고 불맛이 화려하지도 않지만 다른 데랑 다른 여기만의 맛이 딱 있어요. 아주 균형감이 좋은 절묘한 밸런스입니다. 담백하고 부드러운 국물인데 간은 딱 맞고, 기름기가 살짝 있어서 고소하지만 느끼하진 않아요. 짬뽕계의 평양냉면!

삼선짬뽕

짬뽕과 삼선짬뽕이 아예 다른 식당도 있는데 여기는 일맥상통하는 맛에 가깝습니다.
새우, 해삼, 버섯 등의 재료가 고급스러워져서 일반 짬뽕보다 육수가 살짝 더 맛있습니다. 역시나 고소한 기름 향이 느껴지고, 담백하고, 부드럽습니다.

키다리짬뽕아저씨 픽 side menu

간짜장면

잘게 썬 재료들을 확 볶은 느낌이 좋습니다. 되직하기보다는 국물이 좀 있는 편입니다. 단맛 적고, 짠맛 적고, 고소한 맛으로 역시 노포 중식당의 간짜장답습니다. 그러면서 다른 곳과 다른 맛!

노포답게 간짜장이 좋습니다.

 담백하고 부드러운 맛인데 계속 생각나는, 평양냉면 같은 느낌의 노포 짬뽕.

chain store

표준화된, 대중화된 프리미엄 짬뽕!

짬뽕지존(본점)

주소 충청남도 천안시 서북구 서부대로 719
찾아가기 두정역에서 버스로 12분
운영 시간 매일 24시간
주요 메뉴 및 가격
지존짬뽕 12,000원 / 쌀국수짬뽕 12,000원 / 수제비짬뽕 12,000원 /
찹쌀탕수육(소) 18,000원

24시간 365일 먹을 수 있는 개런티드 짬뽕

이 책에서는 프랜차이즈나 지점이 많은 짬뽕집은 지양하기로 했지만 우리나라 1위 짬
뽕 프랜차이즈의 본점이라면, 소개를 해야 할 것 같아요.
체인점은 지점이 많아지면 지점 간의 편차가 생길 수도 있지만 본점은 최고의 퀄리티
를 유지할 확률이 높죠. 게다가 이곳은 365일 24시간 운영합니다.
키다리짬뽕아저씨도 한밤중에 짬뽕이 당길 때 즐겨 가던 곳이 '짬뽕지존' 직영점 강남
역점입니다. 본점은 충청남도 천안에 있습니다.

지존짬뽕

적당한 양에 퀄리티와 밸런스가 모두 좋아 호불호가 적습니다. 삶은 메추리알과 부추가 트레이드마크입니다. 돼지고기와 약간의 오징어, 홍합살, 조개류가 다양하게 들어 있어요. 첫 국물을 입에 넣는 순간 '잘 만들었네'라는 생각이 드는데, 기본적으로 국물의 간이 너무 좋습니다. 깐홍합과 조개류 덕분에 감칠맛도 있어요.

프랜차이즈답게 쫀득한 면발도 일정하게 좋은 생면을 씁니다. 볶아 나온 느낌이 틀림없이 있지만 불 향이 아주 센 편은 아니라서 '맛있는 국밥' 같은 느낌도 있어요. 짬뽕밥으로 먹어도 좋아요.

키다리짬뽕아저씨 픽 side menu

군만두

중식 요리집이 아니기에 규격화된 튀김만두겠지만, 짬뽕과 같이 드시기엔 맛있는 별미입니다.

당면이 들어 있는 우리가 아는 맛. 이런 게 당길 때가 있죠.

밀가루를 싫어하는 분들을 위한 쌀국수짬뽕도 있어요.

 짬뽕 맛 한줄평! 짬뽕계의 빅맥. 언제나 맛있게 먹을 수 있는, 간 좋고 재료가 풍성한 그 짬뽕.

 매운 정도 조절 가능

갈비짬뽕 중에서 여기보다 나은 데가 있을까?

천진

주소 충청남도 천안시 동남구 공고담길 43-5
찾아가기 천안역에서 버스로 12분
운영 시간 매일 11:00~21:30
주요 메뉴 및 가격
소갈비짬뽕 16,000원 / 숙주탕수육(소) 26,000원 / 옛날볶음밥+달걀프라이 10,000원

소갈비짬뽕은 흑미 면이
따로 제공되어요.

짬뽕 마니아가 먹어도 완벽함을 느낄 수 있는 소갈비짬뽕

지역을 대표하는 대형 중식당들이 있는데, '천진'은 천안을 대표하는 정통 중식당 중 한 곳입니다. 정통 중식당 중에서는 요리가 맛있고 짬뽕은 평범한 곳도 많은데, 이곳의 갈비짬뽕은 짬뽕 마니아가 드셔도 아주 완벽한 맛을 자랑합니다.

다양한 음식을 같이 드셔도 꽤 좋지만, 여기에서는 갈비짬뽕을 꼭 드셔봐야 합니다.

소갈비짬뽕

갈비도 참 좋지만, 갈비가 없었어도 기본적인 육수의 간과 맛, 재료의 퀄리티가 좋습니다.
갈비의 품질, 양, 밑간까지 상당히 좋으면서 짬뽕과도 잘 어울립니다. 거기에 '흑미'로 만든 면이 따로 서빙되어, 요리 같은 느낌마저 듭니다.
첫 육수부터 맛있는 짬뽕임을 알 수 있어요. 간도 센 편이고 꽤 맵습니다. 하지만 묵직한 육수와 야채 볶은 느낌, 갈비의 풍미가 잘 어우러져서 그저 무조건 맛있게 느껴집니다.
갈비가 들어간 짬뽕은 갈비 맛과 짬뽕 맛이 따로 느껴지는 경우도 많은데, 여기는 '원래 갈비와 짬뽕이 이렇게 잘 어울렸나?' 하는 느낌이 들 정도로 기분 좋게 어우러집니다.

키다리짬뽕아저씨 픽 side menu

숙주탕수육

여기에만 있는 메뉴로 '숙주탕수육'을 드셔보세요.
밑에는 튀긴 고기를 깔고, 위에는 숙주를 잔뜩 올려 유린기 소스를 부은 음식입니다. 튀김옷부터 고기 질감까지 꽤 훌륭하고 유린기소스도 아주 맛있어요. 파와 고추가 많이 올라가서 소스는 상당히 매운 편입니다. 고기와 숙주를 같이 집어 먹으면 잘 어울립니다.

소스 없이 고기튀김만 먹어봐도 맛있는 식당임을 알 수 있어요.

짬뽕 맛 한줄평!
묵직한 육수, 좋은 재료, 푸짐한 소갈비,
흑미 면으로 구성된 최고 수준의 소갈비짬뽕.

매운 정도

인생 탕수육을 맛보고 싶다면 여기로

품회구

주소 충청남도 천안시 서북고 업성수변로 32, 102호
찾아가기 두정역에서 버스로 16분
운영 시간 월요일-일요일 11:00~21:00, 매주 수요일 휴무
주요 메뉴 및 가격
삼선짬뽕 11,000원 / 탕수육(소) 20,000원 / 고추간짜장 10,000원 /
볶음밥 10,000원 / 유린기(소) 27,000원 / 유산슬(소) 30,000원

'品回口'는 입구(口)자
6개로 되어 있어요'

천안에 계신 분들께 축복 같은 중식당

짬뽕 맛집 책에 소개 되었다고, 이곳에 가서 짬뽕만 딱 드신다면, 다소 평범하다고 느
끼실 수 있어요. 그럼에도 꼭 소개하고 싶은 식당이라서 책에 넣었습니다. 짬뽕 드시
러 중식당을 가는 분들 중에는 탕수육이랑 짬뽕을 같이 드시거나 다양한 요리와 함께
짬뽕을 드시는 걸 좋아하는 분들도 계시니까요.
'품회구'는 서울에서도 중식이 맛있다는 동네, 마포구 중에서도 유명한 집이었는데 천
안으로 이전을 했습니다. 다양한 요리들은 지금도 맛있지만, 이곳만의 탕수육이 특히
압권입니다!

삼선짬뽕

빨간 빛깔에 비해서 맵거나 강렬하진 않아요. 해물이 아주 푸짐하지도 않고요.

그런데도 낙지, 오징어, 갑오징어와 다양한 버섯, 양파, 당근, 죽순, 청경채를 볶은 느낌이 시원하고 좋아요. 불맛도 강한 편은 아니라서 깔끔한데, 이런 정갈한 짬뽕을 더 좋아하ㄴ는 분들도 많이 계십니다.

키다리짬뽕아저씨 픽 side menu

탕수육

마치 마탕처럼 코팅된 놀라운 탕수육. 튀김옷이 얇고 바삭바삭하면서 탄력이 있습니다. 고기 함유량이 높고, 씹는 맛이 좋으면서도 딱딱하진 않아요. 아무 탕수육이나 볶먹을 할 수 있는 게 아니에요. 튀김 자체부터 신경을 써야 볶아도 나불나불해지지 않고 끝까지 맛있어요. 인생 탕수육이라고 할 분들도 많습니다.

유린기

맵고 강렬한 소스와 잘 튀긴 닭고기와의 조화가 좋습니다.

고추간짜장

색이 진한 짜장소스로 강하면서 깔끔합니다. 꽤 맛있어요.

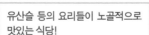

유산슬 등의 요리들이 노골적으로 맛있는 식당!

짬뽕 맛 한줄평!

오징어, 낙지 등의 해물과 좋은 야채를 깔끔하게 볶은 정갈한 짬뽕.

매운 정도

안면도에 놀러갔을 때는 이런 짬뽕도 좋아요

길목식당

주소 충청남도 태안군 안면읍 백사장2길 25-1

찾아가기 안면도 초입 백사장항 내

운영 시간 월요일-일요일 10:00~19:00, 매주 수요일 휴무

주요 메뉴 및 가격

황제짬뽕(2인분) 35,000원 / 갈비짬뽕 16,000원 / 탕수육(소) 20,000원

문을 닫았다가 재오픈하셨는데 네이버에 가게 정보가 뜨지 않으니 참고하세요.

짬뽕을 드시고 2차로 백사장항에 가서 새우튀김을 드시는 코스를 추천해요.

바다를 끼고 맛보는 짬뽕의 맛

안면도는 서해의 대표적인 휴양지. 바다가 아름다운 국립공원이면서도 다양한 고속
도로가 생겨서, 수도권에서도 멀지가 않습니다.

안면도에 가면 보통은 다양한 해산물을 먹습니다. 꽃게가 유명한 지역이기도 하고,
어시장도 있어요. 하지만 우리 짬뽕인들은 다양한 짬뽕을 드셔봐야지요.

백사장항에 위치한 '길목식당'의 짬뽕은 전통 짬뽕도 아니고, 그렇다고 짬뽕 마니아
분들이 좋아하는 진득한 짬뽕도 아니에요. 하지만 특유의 토착 짬뽕으로 30년이 넘게
사랑받고 있어요. 여기는 커다란 그릇에 2~4인분이 나오고, 방바닥에 앉아서 먹는 즐
거운 짬뽕이 있습니다.

황제짬뽕

2인분을 주문하면 커다란 냉면 그릇보다 큰 그릇에, 3명이
드셔도 될 것 같은 푸짐한 짬뽕이 나와요. 주꾸미, 오징어, 갑
오징어, 낙지, 조개, 가리비, 소라 등의 넉넉한 해물이 그릇
밑에도 가득하고, 커다란 갈비도 두 대나 들어 있어요.

가위로 갈비와 낙지를 잘라놓으면 근사해집니다. 맛은 예상
대로 시원하고 칼칼합니다. 감칠맛이 좋고, 후추 향도 적당
히 있어요. 살짝 라면 맛 같은 느낌도 납니다.

대단한 맛의 정통 짬뽕은 아니지만 바닷가의 예쁜 항구 앞에
서 방바닥에 앉아 지인들과 나눠 먹는 기분 좋은 맛을 느낄
수 있어요.

갈비짬뽕

혼자 오셨으면 1인분짜리 짬뽕을 주문할 수 있어요. 갈비짬
뽕이라고 갈비만 들어 있는 게 아니라, 해물짬뽕에 갈비가
살짝 들어 있는 느낌이라서 혼자서 한 그릇을 드시면 든든합
니다.

우리가 아는 진득하고 불맛 나는 짬뽕은 아니지만
항구에서 파는 푸짐하고 감칠맛 좋은 짬뽕.

since 1973

노포의 감성이 그대로 묻어나는 곳

신태루

주소 충청남도 태안군 태안읍 시장5길 43
찾아가기 태안 버스터미널에서 도보 10분
운영 시간 월요일-일요일 10:00~19:30, 매주 화요일 휴무
주요 메뉴 및 가격
육짬뽕 8,000원 / 육짬뽕밥 8,000원 / 탕수육(소) 17,000원

이것이야말로 노포 감성.

216

태안군 지역의 명물 육짬뽕!

태안에는 '육짬뽕'이라는 색다른 짬뽕이 있어요. '신태루'와 '반도식당'이 유명하고 두 군데 다 개성 있게 맛있어요.

맛집을 찾아다니는 분들 중 노포의 감성을 좋아하는 분들은 신태루가 제격입니다. 50년이 되어가는 중식당으로 가게의 외관과 내부에서 세월을 느낄 수 있습니다. 그럼에도 실내는 깨끗합니다.

이곳의 육짬뽕은 TV에도 소개된 지역 명물이에요.

육짬뽕

이름은 '육짬뽕'이지만, 돼지고기뿐만 아니라 바지락이 꽤 많이 들어갑니다. 육수가 돼지고기 베이스라서 육짬뽕입니다. 육수를 낼 때 여러 가지 과정을 거쳐서 묵직하면서도 굉장히 좋은 맛이 나요.

야채는 양배추, 버섯, 당근 등으로 심플하고요. 간이 센 편이지만 그게 오히려 맛있게 느껴집니다. 여기만의 맛이 명확한 느낌이 있어서, 짬뽕을 찾으러 다니는 분들이 와보시기에 좋습니다.

키다리짬뽕아저씨 픽 side menu

탕수육

잘 튀겨 나온 고기튀김과 소스 위에 깨가 뿌려져 있는 게 특징입니다.

고기 퀄리티가 좋고, 얇은 튀김옷을 입혀 바싹 튀겨서 눅눅해지지 않습니다. 케첩소스는 고기튀김과 잘 어우러지지 못하는 느낌도 들지만 고기튀김 자체가 상당히 매력 있어서 꽤나 독특한 탕수육입니다.

 진하고 걸쭉한 돼지고기 육수에 바지락이 더해진 심플하면서 강렬한 짬뽕.

충청남도 한적한 시골의 독특한 정통파 짬뽕

인발루

주소 충청남도 홍성군 결성면 홍남서로 732-1
찾아가기 서해안고속도로 광천IC에서 운전해서 10분 이내
운영 시간 매일 11:00~20:00
주요 메뉴 및 가격
삼선짬뽕 12,000원(2인이상) / 짬뽕 8,000원 / 볶음밥 8,000원 /
탕수육(고기튀김) 20,000원

가게 앞에서 느낌 있는 인발루car를
보실 수 있어요.

노포 감성은 전국 1등

15년쯤 전 맛집을 찾아 시골길을 드라이브하다가 우연히 발견한 식당 '인발루'.
'어묵이 들어 있는 화교 중식당 짬뽕'이라는 것 하나만으로 인상에 남아서 종종 방문
을 했는데, 방문할수록 여러 가지 음식이 다 맛있다는 걸 알게 된 집이에요. 백발이 성
성한 사장님은 평택 출신 화교 분으로 40여 년 전 이곳에 정착하셨어요.
로컬 짬뽕 맛집을 찾아가실 때는 전화해보고 가는 거 잊지 마세요.

삼선짬뽕
'어묵'이 들어가는 일반 짬뽕도 개성 있지만 '삼선짬뽕'을 드
셔보세요. 오징어, 새우, 주꾸미, 소라 등의 해물을 고춧가루
와 함께 짭조름하고 깔끔하게 볶았어요. 느끼함과 단맛이 적
어 강력합니다. 기본 국물 맛은 일반 짬뽕보다 삼선짬뽕이
더 좋습니다.

키다리짬뽕아저씨 픽 side menu

볶음밥
역시 노포 화교 중식당. 반숙 달걀프라이에 짜장소스가 나옵
니다. 볶음밥 자체를 고소하고, 간 좋고, 쫀쫀하면서도 고슬
고슬하게 잘 볶았습니다. 추천드릴 만합니다. 맛있는 중식당
볶음밥 맛과 우리 집 엄마가 정성껏 볶아주신 맛 사이 어디
쯤에 있어요.

고기튀김
고기튀김을 시켜도 탕수육을 시켜도 튀김은 비슷해요. 크리
스피할 것 같은 비주얼이지만 매우 부드러워요.

**짬뽕 맛
한줄평!** 오일리한 느낌이 전혀 없고 단맛이 적은
특별한 맛의 칼칼한 해물 짬뽕.

**매운
정도** ✎✎✎✎

중식 느낌은 적지만 틀림없이 매력 있는 짬뽕

황해원

주소 충청남도 보령시 성주면 심원계곡로 4
찾아가기 보령종합터미널에서 버스로 30분
운영 시간 월요일-일요일 10:30~14:00, 첫째 주 셋째 주 수요일 휴무
주요 메뉴 및 가격
짬뽕 9,000원 / 짬뽕밥 9,000원 / 짜장면 6,000원

푸짐함이 느껴지는 시골의 국밥형 짬뽕!

충청남도의 인기 있는 지역 짬뽕 맛집 '황해원'은 대천IC에서 내륙 쪽으로 들어가는 성주면에 있습니다.

여기 짬뽕은 정통 중식이라고 할 수는 없지만 지역 주민들에게 오랫동안 사랑받아왔어요. 이곳만의 '맛있는 국밥' 같은 맛이 있어서, 멀리서 찾아오는 분들도 적지 않아요. 짧게 점심 장사만 하시니 알아두고 가세요.

짬뽕

맛있는 지역 짬뽕. 불맛이 거의 없고, 막 볶아서 나온 야채의 아삭한 느낌도 적어요. 맵고 얼큰하기보다는 고기국밥 같은 육수로 배춧국처럼 달달하면서 시원한 맛이에요.
돼지고기, 오징어, 잘게 다진 야채들이 상당히 푸짐하게 들어 있어서 만족도가 좋습니다. 중국 음식이라기보다는 우리나라 '돼지고기국밥'이나, 맛있는 '오징어국밥'에 가깝습니다. 느끼함이 적어서 먹은 후 졸리지 않은 것도 장점이에요.

맛있는 국밥 같은 맛이라
밥 말아 먹기도 좋아요.

짬뽕 맛 한줄평!

불맛 없고 야채의 볶은 느낌도 적은
아주 맛있는 시골의 국밥형 짬뽕.

매운 정도 〃

울진군
· 제일반점

안동시
· 흥국관

포항시
· 짬뽕제트

부산시
· 동운반점
· 미미루
· 라호짬뽕
· 복성반점
· 신흥반점

대구시
· 대동반점
· 몽짬뽕
· 수봉반점
· 진흥반점

경상도

대구는 내륙 지방이지만 '짬뽕 부심'이 있는 지역입니다. 특유의 진득하고 간이 센 짬뽕과 '야키우동', '중화비빔밥' 등의 중식 메뉴도 유명합니다. 매운 음식이 유명한 지역답게 전국구 짬뽕 맛집도 여럿 있습니다.

부산은 차이나타운이 있어서 매력 있는 중식당이 많습니다. '짬뽕 맛집'이 아니라 '중식 맛집' 책이라면 알려드리고 싶은 곳들이 훨씬 더 많지만, 주제가 짬뽕이니만큼 부산의 정통 강자와 신흥 강자 몇 군데를 소개합니다.

그 밖의 지역도 더해서 경상도에서는 짬뽕 맛집 12곳을 소개합니다.

대게로 유명한 죽변항에서 만나는 색다른 면 음식

제일반점

주소 경상북도 울진군 죽변면 죽변중앙로 168-13
찾아가기 운전해서 가기
운영 시간 매일 11:00~21:00
주요 메뉴 및 가격
비빔짬뽕면 10,000원 / 비빔짬뽕밥 10,000원 / 탕수육 25,000원

오래된 식당의 정취도 일품.

한적한 울진 항구를 거닐어
보세요.

동해 항구의 특별한 비빔짬뽕

경상북도 쪽의 중식당은 다른 지역에서는 드문 '중화비빔면'을 팔기도 합니다. '중화비빔', '간짬뽕', '볶음짬뽕'은 짬뽕의 재료들을 소스와 함께 걸쭉하게 볶아서 면 위에 얹어 비벼 먹는 음식으로 일맥상통합니다.

'제일반점'은 대게와 수산물로 유명한 죽변항의 작은 중식당이지만 전국적으로 소문난 맛집입니다. 아주 오랜 기간 이곳에서 장사를 하셨고, 사장님도 여전합니다. 이곳의 비빔짬뽕은 소문만 듣고 찾아가면 평범하다고 하시는 분들도 있는데, 막상 시간이 지나면 중독성이 있어서 다시 찾아가서 먹고 싶어요. 조리를 제외한 모든 과정이 셀프이지만, 사장님 내외분이 친절하십니다.

비빔짬뽕면

경상도 지역의 중화비빔면 같아 보이지만, 먹다 보면 살짝 다릅니다. 간짬뽕류의 음식 중에서도 소스의 수분이 적은 스타일이라서, 마치 오랜 중식당의 간짜장과 흡사합니다. 되직한 소스를 뻑뻑하게 비비는 매력이 있어요.

재료는 심플해요. 오징어, 양파, 양배추를 맵고 짜고 달달하게 볶았는데 국물이 흥건하지 않고, 양파와 양배추를 볶을 때 나오는 채수의 수분이 전부라서 풍미가 좋아요. 기름기는 살짝 있는 편이라서 느끼한 감도 있지만, 매운맛과 함께 어우러져서 오히려 고소합니다.

키다리짬뽕아저씨 픽 side menu

비빔짬뽕밥

어딘가 잘 볶은 오징어덮밥 느낌. 비빔짬뽕면보다 좀 더 되직한데, 밥에 어울릴 정도로 약간 더 수분이 없어요. 집에서 볶는 오징어덮밥보다 훨씬 더 맛있었어요.

 매운맛에 단짠, 고소한 기름 향이 어우러진 '아주 맛있는 오징어덮밥' 같은 비빔짬뽕.

모든 음식이 다 맛있는 식당이 정말 있구나

흥국관

주소 경상북도 안동시 합전길 31
찾아가기 안동터미널에서 버스로 15분
운영 시간 화요일-일요일 11:40~20:00
주요 메뉴 및 가격
초마 8,000원 / 나가사키짬뽕(2인이상) 8,500원 / 탕수육(소) 20,000원 /
양장피(소) 43,000원

화인면관 이라고 쓰여 있는데,
그럴 만합니다.

안동에서 맛볼 수 있는, 매력 넘치는 중식당의 세련된 고기짬뽕!

이곳의 오너 셰프님의 성함이 '왕흥국'이라서, 이름이 '흥국관'. 화교 중식당입니다. 빨
간 대문, 한자로 된 예쁜 간판, 가정집을 개조한 인테리어, 특유의 멋스러운 매력이 뿜
어져 나옵니다.

맛있고 다양한 요리와 식사로 지역 분들에게는 이미 유명합니다. 예약을 해야 식사가

편한데 고급 중식당이라서 그렇기보다는 사장님이 음식 하나하나를 정성껏 조리하셔서 그런 느낌이에요. 키다리짬뽕아저씨는 내공 있는 사장님이 직접 모든 음식을 조리하는 크지 않은 식당을 좋아하는데, 여기가 그래요. 일품 요리는 가격이 있는 편입니다.

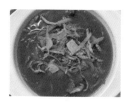

초마(옛날제육짬뽕)

해물 없이 오직 고기와 야채들을 볶은 칼칼한 짬뽕. 고기짬뽕인데도 매우 개운합니다. 말로 표현하면 심플한 것 같은데 실제로 먹어보면 다른 데서는 맛보지 못하는 상당히 맛있는 짬뽕.

키다리짬뽕아저씨 픽 side menu

간짜장

춘장을 태운 듯 볶은 향이 아니라서 담백하면서도 풍미가 참 좋습니다. 장맛이 센 편이 아닌데도, 짜지 않고 인위적으로 달지도 않은 세련된 맛입니다. 단, 되직한 소스는 아닙니다.

탕수육

부먹. 어마어마한 윤기, 얇으면서도 아사삭 씹어지는 크리스피한 튀김옷, 두터운 고기. 이 정도면 전국 톱급 탕수육이라고 할 수 있죠.

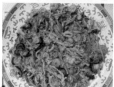

유산슬

유산슬, 양장피, 난자완스, 팔보채 등의 요리는 이틀 전에 미리 예약을 해야 주문할 수 있어요. 유산슬 하나만 시켜봐도 남다르게 맛있습니다. 해삼, 새우, 유슬고기, 오징어, 소라, 생선살, 가리비 등 아주 다양한 재료가 푸짐하면서도 신선하고 감칠맛이 폭발해요.
너무 맛있는데 다른 데와는 다른 맛. 이런 곳이 찾아다녀야 하는 식당이 아닐까.

짬뽕 맛 한줄평! 해물 없이 고기와 야채만으로 칼칼하면서도 깔끔하게 볶아낸 맛있고 유니크한 짬뽕.

매운 정도 🌶🌶🌶

피규어 마니아 분들의 시선까지 사로잡은 집

짬뽕제트

주소 경상북도 포항시 북구 법원로139번길 23-3 삼우펠리스 101호
찾아가기 KTX 포항역에서 버스로 40분
운영 시간 월요일-토요일 11:30~15:30
주요 메뉴 및 가격
짬뽕 8,500원 / 118짬뽕, 백짬뽕 9,000원 / 찹쌀레몬탕수육(소) 15,000원

다양한 마징가Z 피규어를
볼 수 있어요.

불맛 가득한 초강력 짬뽕!

어딘가 특별한 경상도 짬뽕 맛집을 찾으신다면 이곳을 가보세요. 물론 짬뽕도 수준급이에요.

포항 하면 생각나는 건 포항제철, 호미곶, 구룡포, 그리고 영일만도 있는데, 여기는 포항시 북구 영일만 근처 주택가에 위치해 있어요. 그리고 〈마징가Z〉가 생각나는 가게 이름 '짬뽕Z'. 실제로 가게 외관과 간판도 〈마징가Z〉가 연상되고, 실내 한 켠에 있는 진열장에는 마징가Z와 각종 만화 캐릭터 피규어들이 가득합니다.

짬뽕은 어떨까? 주중에는 낮 장사만 하시는데 오픈 때부터 손님들이 가득해요. 맛있다는 걸 알 수 있는 대목이죠. 꽤나 매운데 중독성이 있어서 지역에서 꽤 유명합니다.

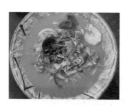

짬뽕

짬뽕, 118짬뽕, 119짬뽕이 있어요. 숫자가 높아질수록 점점 매워지는데 119는 너무 매워서 없어진 듯합니다. 그냥 짬뽕도 꽤 매운맛이고, 그러면서도 맛있습니다.

재료는 새우, 차돌박이, 오징어, 양파, 당근, 목이버섯 등을 가득 볶아서 불맛이 상당합니다.

육수는 살짝 걸쭉하고, 매우면서도 간은 슴슴합니다. 면도 직접 숙성, 반죽하는데 칼국수처럼 가느다란 면발이라서 육수 흡착이 잘됩니다.

118짬뽕

재료는 대동소이한데 꽤나 매워요. 고추가 잘 안 보이고, 빨간 고춧가루 느낌도 적은데, 캡사이신 느낌도 아닌 걸로 보아, 청양 고춧가루를 사용하는 듯합니다.

강한 불 향이 느껴지고 상당히 매운데 짜진 않아서, 매니악한 맛.

백짬뽕

평일에만 하루 20그릇 한정 판매합니다. 백짬뽕임에도 불맛이 세고, 매운맛은 약하지만 안 맵지는 않습니다. 간은 슴슴합니다.

 짬뽕 맛 한줄평! 매운맛. 좋은 육수, 좋은 재료, 강한 불맛, 녹진한 '불 향' 짬뽕.

 매운 정도

since 1981

대구 짬뽕 맛집의 한 축!

대동반점

주소 대구시 북구 대현남로 49
찾아가기 칠성시장역에서 도보 15분
운영 시간 월요일-토요일 11:30~20:00
주요 메뉴 및 가격
짬뽕 8,000원 / 꾼만두 4,000원

대구 3대 짬뽕으로 명성이 자자했던 곳

대구는 짬뽕이 맛있기로 유명한 지역입니다. 우리나라에서 제일 큰 내륙 도시인 만큼 해물보다는 고기가 들어간 진한 짬뽕이 많고 매운맛, 간, 불 향이 모두 강한 편입니다. 한마디로 말해 대구는 '강한 짬뽕', '센 짬뽕'들의 격전지죠.

그런데 '대동반점'은 유독 다른 맛을 선보입니다. '이건 대구짬뽕이 아니라 평범하지 않냐'라는 분들도 계시지만 현지 손님이 끊임없이 많은 건 틀림없이 이유가 있습니다. 10년 전에 지금의 자리로 이전했지만 맛은 변함없습니다.

짬뽕

대구 짬뽕 중에서는 진득한 육수가 아닙니다. 걸쭉하기보다 깔끔한 짬뽕 국물이지만 진한 느낌은 틀림없어요.
볶은 느낌보다는 살짝 끓인 느낌도 있지만, 바로 볶아 나옵니다. 오징어가 꽤 많이 들어 있고, 고기와 홍합살도 들어 있습니다.
짬뽕에 고추 다대기를 넣을 수 있게 준비되어 있는 게 특징입니다. 다대기를 넣어 먹어도 특별한 맛을 느낄 수 있어 좋지만, 그냥 드셔도 이곳 특유의 맛을 느낄 수 있습니다.

키다리짬뽕아저씨 픽 side menu

꾼만두

군만두지만 튀기지 않고 구워져서 나옵니다. 비주얼이 만두 전문점의 군만두 같은 수준이지만, 4천 원이라는 가격 때문에 만두소가 풍성하진 않습니다.
하지만 칼칼한 짬뽕과 함께 먹기에는 가격도 양도 좋습니다.

이곳에서는 고추 다대기를 넣은 짬뽕을 맛볼 수 있어요.

 다대기를 넣어 먹는 시원한 대구식 짬뽕.

chain store

오직 짬뽕 하나로 승부 보는 가게

몽짬뽕(본점)

주소 대구시 수성구 용학로30길 12, 1층

찾아가기 지산역에서 도보 12분

운영 시간 매일 9:00~17:00

주요 메뉴 및 가격

몽짬뽕 8,500원 / 왕교자군만두 5,000원

메뉴가 적을수록 맛의 자신감이
느껴지지요.

대구식 짬뽕을 맛보고 싶다면 이곳이 정답입니다

대구는 짬뽕 부심과 중식 부심이 높은 지역이고, 전통 강자도 많고, 오랜 화교 중식당도 적지 않아요.

젊은 짬뽕집 '몽짬뽕'은 딱 진득한 국물 짬뽕 하나만으로 많은 마니아들에게 사랑받는 가게입니다. 최근에는 근처 지역에 지점들도 생기고 있지만 당연히 본점에서 먹어봐야겠죠. 본점이지만 가게는 아주 작습니다. 하지만 주차가 편하고 다른 맛집들과 디저트집도 많은 수성못 근처라서 방문하시기 좋아요.

몽짬뽕

시뻘건 국물에 배추만 보면, 꼭 김치찌개가 연상됩니다. 아주 진득하고 깊은 짬뽕이에요. 걸쭉한 고기 육수에 짙은 생강 향이 포인트. 간이 세지만 배추, 양파, 표고 향과 생강 향의 밸런스가 좋아서 짜지 않고 맛있게 느껴집니다. 짬뽕 명가답게 면발도 쫄깃해요. 밥을 안 좋아하는 분들도 이 짬뽕에는 밥을 말아 먹게 됩니다.

키다리짬뽕아저씨 픽 side menu

왕교자군만두

짬뽕으로 승부하는 가게답게 메뉴에 탕수육, 볶음밥이 없어요. 같이 집어 먹을 수 있는 건 유일하게 군만두가 전부예요. 대단한 수제 만두는 아니고 당면이 들어간 만두튀김이지만 바삭하게 튀겼어요. 만두소도 실속 있고, 플레이팅도 좋아서 집어 먹기에는 아주 좋아요.

짬뽕 맛 한줄평! 걸쭉한 빨간 육수에 진한 생강 향, 센 간이 어우러진 맛깔나는 대구 짬뽕 맛!

매운 정도

since 1971

중화비빔밥으로 유명한 대구 중식당

수봉반점

주소 대구시 북구 대현남로2길 60
찾아가기 칠성시장역에서 도보 4분
운영 시간 월요일-일요일 10:55~15:00, 매주 목요일 일요일 휴무
주요 메뉴 및 가격
바람돌이짬뽕 10,000원 / 중화비빔밥 10,000원

〈백종원의 3대 천왕〉 등 TV에
많이 출연한 집입니다.

이곳 특유의 '바람돌이 짬뽕'은
중화비빔밥 못지않게 맛있어요

대구 지역 중식당에는 타 지역에는 드문 메뉴들이 있는데 중화비빔밥, 야키우동, 야키밥 등이 그렇습니다. 50년이 넘은 노포 수봉반점은 전국구 중화비빔밥 맛집이지만 대구 중식당답게 짬뽕도 상당히 좋습니다.

바람돌이짬뽕
동그란 반숙 달걀프라이가 올라간 비주얼. 양파, 당근, 호박, 양배추 등의 야채들을 볶아 나온 풍미가 오징어, 돼지고기, 홍합, 미더덕 등의 재료와 어우러져서 진득하면서 시원한 감칠맛을 냅니다. 면발도 둥글면서 쫀득하기 때문에 여러 가지 매력이 있는 짬뽕입니다.
사장님이 짬뽕 국물에 식초를 살짝 넣어보라고 권하시는데, 넣어보면 풍미가 더 좋아져요.

키다리짬뽕아저씨 픽 side menu

중화비빔밥
이미 전국구 중화비빔밥 맛집. 말로 표현하자면 "제육볶음을 웍으로 볶아서 불 향을 넣은 맛"입니다. 하지만 딱 여기만의 맛이에요. 야채의 식감, 달달함, 깔끔함, 매운 정도까지 아주 좋습니다.

 야채를 볶아낸 풍미와 돼지고기, 오징어, 홍합, 미더덕 등의 재료가 어우러져 진득한 국물의 감칠맛이 좋은 대구식 짬뽕.

since 1968

전통 대구 짬뽕의 강호

진흥반점

주소 대구시 남구 이천로28길 43-2
찾아가기 건들바위역에서 도보 1분
운영 시간 월요일-금요일 10:00~15:00, 토요일 9:00~15:00
주요 메뉴 및 가격
짬뽕 10,000원 / 볶음밥 10,000원 / 짜장면 6,000원

10년 전 전국 5대 짬뽕의 명예는 아직 유효합니다

전라도에 '군산'이 있다면, 경상도에는 '대구'가 있습니다. 대구 특유의 진득한 짬뽕은 많은 마니아 층을 형성하고 있습니다. 대구 짬뽕을 대표하는 식당을 꼽으라고 하면 이 가게를 소개하고 싶습니다.

전국 5대 짬뽕에 선정되었던 진흥반점은 다른 전국 5대 짬뽕들이 옛날만 못하다는 평가를 받고 있는 와중에도 비교적 옛 맛을 잘 유지하고 있습니다. 50년이 넘은 이 식당은 사장님의 건강 문제로 2~3년간 문을 닫은 적이 있지만 현재는 대물림이 되어서 여전히 성업 중입니다.

짬뽕

진하고 걸쭉한 고기 육수가 특징이에요. 오래 끓인 돈골 육수로 알려져 있는데, 국물에 간이 좀 센 편인데도 참 맛있어요. 빨갛고 걸쭉하지만 맵지는 않아요. 돼지고기, 오징어, 부추, 숙주, 배추가 들어가고 약간의 홍합이 감칠맛을 냅니다. 전국구 짬뽕 식당답게 면발도 아주 좋고요.

지금은 옛날에 비해 워낙 맛있는 짬뽕들이 많이 생겼지만, 옛날에는 이런 맛을 냈다면 충분히 전국 5대 짬뽕이 맞지요.

키다리짬뽕아저씨 픽 side menu

볶음밥

볶음밥 역시, 전국구 타이틀을 붙여도 될 정도입니다. '맛있는 중식당 볶음밥'을 찾는다면, 이곳을 알려줘도 될 정도로 비주얼과 냄새, 맛까지 최고 수준입니다.

다른 음식 없이 '밥'만 먹어도 딱 좋은 볶음밥이 진흥반점 볶음밥입니다. 두 분이 오시면 짬뽕을 한 그릇씩 드시고 가운데 볶음밥을 하나 시켜서 나눠 드시면 웬만한 요리보다 맛있을 거예요.

 짬뽕 맛 한줄평! 대구식 짬뽕은 이런 맛이구나!

 매운 정도 ♪♪♪

또 생각나게 하는 중독성이 있어요

동운반점

주소 부산시 동래구 온천장로119번길 7, 1층
찾아가기 온천장역에서 도보 7분
운영 시간 월요일-일요일 10:30~20:50, 매주 화요일 휴무
주요 메뉴 및 가격
짬뽕 8,500원 / 유린탕수육(소) 17,000원 / 유산슬밥 14,000원 / 간짜장 8,500원

부산 짬뽕의 저력이 느껴지는 묵직한 맛

남부 대표 도시 부산은 항구를 끼고 있어요. 당연히 중식 맛집이 많고, 인천처럼 차이나타운도 있어요. 오랜 기간 사랑받아온 짬뽕 맛집도 여럿 있는데, 그중에서 키다리짬뽕아저씨 취향인 곳이 온천동 '동운반점'입니다.

여기는 원래 근처 온천시장에 있던 '수타손짜장 동운반점'이었습니다. 그곳에 큰 빌딩이 생기면서 지금의 위치로 이전한 지도 몇 년 되었는데 여전히 맛있습니다.

짬뽕

평범하게 맛있다기보다, 여기만의 느낌이 명확하게 있어요. 간은 센 편이지만, 짜지 않고 진하면서 고소해요. 불맛은 꽤나 느껴지는 편입니다.

국물이 식어도 끝까지 먹게 되는 매력이 있습니다.

키다리짬뽕아저씨 픽 side menu

유린탕수육

유린기는 호불호가 없는 메뉴입니다. 그래서 탕수육을 먹을까 유린기를 먹을까 고민할 때가 있는데, 이 식당은 놀라운 믹스처인 '유린탕수육'이 있습니다.

기본적으로 고기가 튼실하고 튀김옷이 얇아서 소스에 오래 담겨 있어도 씹는 맛이 좋아요. 양도 적지가 않은데 가격도 합리적이에요.

유린탕수육은 꼭 드셔보세요.

유산슬밥

유산슬밥 하나를 시켜 드셔도, 재료의 양과 퀄리티에 감동받을 수 있어요. 가격도 저렴합니다.

 짬뽕 맛 한줄평! 걸쭉하면서 특별한 맛이 있는, 계속 생각나는 부산 짬뽕.

 매운 정도 ﹟﹟﹟﹟

어딘가 서울 연남동 느낌의 중식당

미미루

주소 부산시 동래구 온천장로 91-1
찾아가기 온천장역에서 도보 8분
운영 시간 매일 11:30~21:30
주요 메뉴 및 가격
짬뽕 9,000원 / 잡채밥 10,000원 / 멘보샤 25,000원 / 탕수육(중) 23,000원

대기가 긴 식당으로 주말에는 각오하고 가세요.

인기 있는 부산 중식당의 웰메이드 짬뽕

부산은 노포도 많고 차이나타운도 있지만 젊고 세련된 중식 맛집도 여럿 생기고 있어요. 그중에 한 곳이 바로 '미미루'입니다.

10여 년 전 오픈과 동시에 맛객들에게 유명해진 집으로 한번 들르면 또 들르게 되는 곳입니다. 가게 외관과 인테리어가 세련되면서도 고즈넉한 멋까지 있어서 좋습니다. 짬뽕과 볶음밥 같은 식사부터 멘보샤, 라즈지, 탕수육 같은 소품 요리들까지 모두 맛깔납니다.

서울로 치면 연남동의 중식당 같은 느낌이에요. 서면 점포는 없어졌고, 다대포에 가게가 또 있어요.

짬뽕

옛날식 전통 짬뽕과는 다른 맛. 깔끔하고 세련되면서도 맛깔납니다. 육수가 매우 깔끔하고 간이 좋습니다. 고기와 오징어가 푸짐진 않지만 균형이 좋고, 육수에서 숙주 볶은 맛이 잘 느껴지는 게 포인트입니다.
짬뽕 마니아부터 여성 분들까지도 아주 좋아할 만한 깔끔하면서도 맛있는 짬뽕.

키다리짬뽕아저씨 픽 side menu

잡채밥

밥만으로도 충분히 맛있고, 잡채도 짜지 않고 과하지 않게 잘 볶았어요. 반숙 달걀프라이가 포인트. '전국구 잡채밥 맛집'과 견주어도 손색없어요.

멘보샤

매일 한정으로 판매합니다. 새우살의 양과 입자감, 튀긴 정도, 촉촉한 정도, 적당한 간까지 멘보샤 맛집이라고 해도 과언이 아니에요.

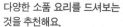

다양한 소품 요리를 드셔보는 것을 추천해요.

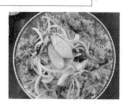

탕수육

부먹. 흠잡을 데가 거의 없어요. 고기 한 덩이 한 덩이가 튼실하고, 튀김옷의 밑간도 좋아서 고기튀김만 먹어도 좋을 정도입니다.

 짬뽕 맛 한줄평! 최근 인기 있는 중식 맛집으로 깔끔하면서도 세련된 부산 짬뽕!

매운 정도

해운대에서 **특별한 미식**을 경험해보세요

라호짬뽕

주소 부산시 해운대구 마린시티1로 137 대우월드마크 110호
찾아가기 동백역에서 도보 10분
운영 시간 화요일-일요일 11:30~21:30
주요 메뉴 및 가격
라짬뽕 10,000원 / 호짬뽕 11,000원 / 양주식볶음밥 10,000원 /
등심탕수육 25,000원

부산에 혜성처럼 등장한 짬뽕 맛집

짬뽕으로 유명한 노포 중식당도 많지만 새로 등장해서 인기 있는 짬뽕집도 당연히 있
습니다. 대표적인 곳이 '라호짬뽕'!

라짬뽕(빨간 짬뽕)

첫 국물부터 '어, 이게 뭐야?' 하는 느낌을 줍니다. 강해서 그런 게 아니라 부드럽고 세련된 느낌이어서 그래요. 돈골, 닭의 혼합 육수에 채수까지 더해진 육수는 누구나 반할 것 같은 맛이에요! 돼지고기, 새우, 당근, 부추 등이 믹스되어 있고 잘게 썬 목이버섯이 고명으로 올라갔어요. 많은 분들이 "인생 짬뽕"을 외칠 수도 있을 듯!

호짬뽕(백짬뽕)

백짬뽕인 '호짬뽕'을 더 좋아하실 분들도 많을 것 같아요. 좋은 혼합 육수와 간이 돋보이고요. 후쿠오카 쪽의 돈코츠라면이 연상되는 맛이에요. 어딘가 우리나라의 맛있는 닭죽 풍미도 느껴집니다. 미세한 매운맛이 주는 즐거움도 있고, 작은 새우들이 주는 시원함도 있어요.
라짬뽕과 전체적으로 비슷한 맛 같지만 다른 느낌도 있으니, 둘 다 드셔보세요.

> 어딘가 돈코츠라면 느낌이 있지만, 훨씬 맛있습니다.

키다리짬뽕아저씨 픽 side menu

양주식볶음밥

자스민라이스를 고슬고슬하게 볶아서 밥알이 흩날리는 질감이에요. 느끼한 느낌 없이 꼬득꼬득 고소하게 볶은 최고의 중식 볶음밥.

> 고슬고슬한 안남미 볶음밥도 꼭 드셔보세요.

등심탕수육

찍먹. 얇은 튀김옷의 튼실한 고기튀김은 잡내 없이 깔끔하고 느끼하지 않습니다.

짬뽕 맛 한줄평!

우리가 알던 알던 짬뽕은 뭘까?
근데 왜 이게 너무 맛있지?

매운 정도

부산 짬뽕의 전통 강자

복성반점

주소 부산시 사하구 하신중앙로 289

찾아가기 하단역에서 도보 7분

운영 시간 월요일-일요일 10:30~21:00, 매주 화요일 휴무

주요 메뉴 및 가격

짬뽕 9,000원 / 삼선짬뽕 10,000원 / 간짜장 9,000원 / 탕수육 25,000원

백종원 아저씨가 극찬한 맛집이에요.

짬뽕을 먹기 위해 부산에 왔다면 처음 방문해야 하는 곳

부산은 역사가 오래된 화교 중식당이 즐비합니다. 부산역 앞에 차이나타운도 있고, 요리와 만두가 맛있는 중식당도 많고, 곳곳에 지역을 대표하는 노포 중식당이 있어요. 하지만 짬뽕 맛집은 중식 맛집과는 또 다르죠. '부산 짬뽕'을 맛보기 위해 검색을 해보면 제일 먼저 눈에 띄는 가게가 하단동 '복성반점'입니다. 언제나 손님이 많아 지하에도 홀이 있습니다.

푸짐하다고 하는 건 이런 짬뽕을
두고 하는 말이 아닐까.

짬뽕

비주얼처럼 특색 있게 맛있습니다. 최근에는 다른 짬뽕 맛집
이 많이 생겨서 예전만 못하다는 의견도 있지만 여전히 부산
을 대표하는 짬뽕 중에 하나입니다.

오징어, 새우 등의 해물이 상당히 푸짐하고, 양파가 많으면
서 불 향은 적은 편. 육수는 돼지고기 육수라지만 묵직하지
는 않고, 풍부한 해물의 시원함이 겹쳐져서 특별한 맛을 냅
니다. 꼬집어 설명할 수 없는 시원하고 듬직한 맛은 다른 곳
에서 맛볼 수 없습니다.

매운맛을 선택하시면 맵찔이들은 드실 수 없을 정도로 매우
니 조심하세요.

삼선짬뽕

일반 짬뽕과 삼선짬뽕의 맛이 아예 다른 식당도 있는데, 이
곳은 일맥상통해요. 삼선짬뽕은 양파가 살짝 적고 해물이 약
간 더 많습니다. 가격 차이도 적고 비슷한 맛이니 기호에 맞
춰서 선택해 드세요.

짬뽕 맛
한줄평! 넉넉한 해물에 양파 맛이 강한
중독성 있는 푸짐한 짬뽕.

매운
정도

맛의 비밀은 무얼까? 싶을 정도로 맛있어요

신흥반점

주소 부산시 서구 충무대로 284-1
찾아가기 자갈치역에서 도보 1분
운영 시간 월요일-토요일 11:00~20:00
주요 메뉴 및 가격
짬뽕 8,000원 / 삼선짬뽕(백짬뽕) 10,000원 / 군만두 6,000원 / 깐풍기 35,000원

자갈치시장 화상 노포의 최고봉, 해물 백짬뽕

부산은 해운대, 서면, 동래 근처에 젊은 중식 맛집도 많지만, 구도심에서 노포 화교 중
식당을 찾아다니는 재미도 쏠쏠해요.
특히 남포동부터 자갈치시장 근처는 '화국반점', '동화반점' 등의 좋은 노포도 많습니
다. 하지만 딱 짬뽕만 생각하자면 자갈치시장 옆 '신흥반점'의 백짬뽕을 추천해요.
식사를 하고 가까운 국제시장, 깡통시장, 영화인의 거리, 남포동, 자갈치시장을 걸어
다니며 구경하는 것도 아주 즐거워요.

삼선짬뽕(백짬뽕)

첫 국물부터 감탄이 나옵니다. 빨간 느낌이지만 백짬뽕에 가까워요. 육수, 내용물, 간, 불맛 등 모든 게 좋으면서도 딱 여기만의 맛이 있어요. 우리들이 '맛있는 나가사키짬뽕'이라고 생각하는 맛. 하지만 실제 나가사키에 가면 어디에서도 그런 맛은 찾을 수 없습니다.

해물과 야채가 푸짐하게 들어갔는데 그중 오이가 들어간 게 인상적이에요. 녹진한 감칠맛이 너무 좋고요. 살짝 얼큰하면서도 시원한 맛까지 있어요. 일반 짬뽕과 2천 원 차이이니 꼭 삼선짬뽕으로 드셔보세요.

키다리짬뽕아저씨 픽 side menu

깐풍기

부산에는 깐풍기가 맛있는 노포들이 여럿 있지만, 여기도 못지않아요. 고추보다는 후추 향으로 매운데 그 느낌이 튀김과 잘 어울려요. 간이 센데도 단맛이 없어서 아주 맛있어요. 바삭바삭이 아니라 쫀득쫀득 씹어지는 식감입니다.

군만두

평범해 보이는데 맛있습니다. 다른 군만두 대비 확연히 생강 향이 셉니다. 돼지고기 만두소와 튀긴 만두피의 씹는 맛이 잘 어울립니다.

블루리본에 선정된 맛집이에요.

 짬뽕 맛 한줄평! 좋은 해물들의 녹진한 감칠맛이 뿜뿜한 부산 노포의 맛있는 백짬뽕.

 매운 정도 ノノ

익산시 ─
· 신동양

군산시 ─
· 국제반점
· 복성루
· 쌍용반점
· 영화원

김제시 ─
· 대흥각

정읍시 ─
· 양자강

광주시 ─
· 영발원

여수시
· 산해반점

화순군
· 불타는용궁짬뽕

전라도

맛의 고장 전라도는 중식이 아니어도 맛있는 음식들이 참 많아요. 하지
만 중식당 역시 전국의 미식가들을 유혹할 만큼 좋은 곳이 많습니다.
특히 전라북도 군산 주변은 100여 년 전 국제적인 항구였던 도시로 화
교 중식당이 많았어요. 거기에 호남 지방의 손맛이 더해져서 우리 입맛
에 잘 맞는 맛있는 짬뽕이 탄생했어요. 그래서 군산은 '짬뽕의 도시'로
유명한 여행지가 되었고 매년 짬뽕 축제가 열리기도 합니다.
근처 익산과 전주 지역도 역사가 깊은 짬뽕 맛집들이 많이 있으니 함께
떠나보시죠! 전라도 짬뽕 맛집 10곳을 소개합니다.

어디선가 많이 본 듯한 가게 모습

국제반점

주소 전라북도 군산시 구영6길 100

찾아가기 군산 고속버스터미널에서 버스로 15분

운영 시간 월요일-일요일 11:00~20:00, 매주 화요일 휴무

주요 메뉴 및 가격

백짬뽕 12,000원 / 삼선짬뽕 12,000원 / 볶음밥 9,000원 / 탕수육(소) 14,000원 / 난자완스 35,000원

영화 〈타짜〉의 흔적을
느낄 수 있어요.

군산에서 짬뽕에 요리까지 같이 드시려면 이곳으로!

가게 겉모습부터 인테리어까지 고즈넉하면서도 운치가 있어요. 여행을 오셔서 요리도 먹고 짬뽕도 먹고 한잔하시면, 기분이 더 좋아지는 식당 '국제반점'. '인테리어가 눈에 익은데?' 싶으시면 눈썰미가 있으신 편입니다. 영화 <타짜>에서 세트로 쓰인 식당입니다.

군산은 짬뽕의 도시라서 가게 4군데를 소개할 건데요. 그중에서는 유일하게 다양한 요리가 좋은 식당이에요. 물론 짬뽕도 꽤나 세련된 맛을 선보입니다.

백짬뽕

오랜 화교 중식당에서는 하얀 짬뽕을 주문하면 좋을 때가 많은데 여기도 그렇습니다. 새우, 오징어 등의 해물이 꽤나 탱글탱글하고 청경채, 브로콜리, 죽순, 피망, 고추도 신선해요. 게다가 탄력 있는 면발은 평범한 것 같지만 먹을수록 더 맛있어요.

삼선짬뽕

백짬뽕과 비슷합니다. 탱글한 해물들과 큼지막하게 볶은 야채들이 신선해요. '맛있는 옛날 짬뽕 맛'이면서도 정갈합니다. 자극적이지 않아요.

키다리짬뽕아저씨 픽 side menu

난자완스

큼직하게 두꺼운 고기완자는 촉촉하면서 쫀득합니다. 간이 딱 좋은 소스는 흥건하지 않고 완자에 밀착되어 있어요. 일부러 드셔볼 만합니다.

 짬뽕 맛 한줄평! 탱글한 해물과 큼지막한 야채들을 정갈하게 볶아낸 편하고 세련된 짬뽕.

 매운 정도

since 1973

사장님이 바뀌고 맛도 바뀌었지만 여전히 군산의 대표 짬뽕 맛집

복성루

주소 전라북도 군산시 월명로 382
찾아가기 군산 고속버스터미널에서 도보 15분
운영 시간 월요일-토요일 10:00~16:00
주요 메뉴 및 가격
짬뽕 11,000원 / 볶음밥 10,000원 / 잡채밥 12,000원

점심 영업만 하는 점
기억하세요.

'우주 최강'이었던 짬뽕 맛집!

별명이 '우주 최강 짬뽕'이었던 짬뽕이 있는데, 군산 복성루의 짬뽕을 두고 하는 말입니다.

십수 년 전 '전국 5대짬뽕'이라는 타이틀이 붙기 전부터도 입소문이 자자했던 집으로 군산을 '짬뽕의 도시'로 만든 지분을 두둑하게 가지고 있다 해도 과언이 아닙니다. 주

중이고 주말이고 언제나 손님들이 많았어요. 푸짐한 고기 고명, 조개 혹은 꼬막이 올라간 비주얼, 기막힌 불 향, 진하고 묵직한 국물이 복성루의 트레이드마크였어요. 선착순으로만 먹을 수 있었던 '불 향 가득 기름 코팅 볶음밥'도 최고였죠.

하지만 2016년, 원조 사장님의 건강 문제로 사장님이 바뀌었고, 그러면서 맛과 스타일도 바뀌었어요. 이전의 맛을 좋아했던 전국 팬들의 쓴소리도 있지만, 현재 복성루의 짬뽕도 틀림없이 특 A급입니다. 여전히 현지인들도 줄을 서니까요.

짬뽕

큰 새우 한 마리와 풍부한 돼지고기가 고명으로 올라가 있어요. 이전의 묵직했던 육수는 살짝 깔끔해졌고, 면발도 우동면처럼 굵고 쫀쫀한 기계 면으로 바뀌었습니다.

전체적으로 '요새 입맛'으로 바뀐 느낌을 안타까워하는 짬뽕 마니아 분들이 많지만, 여전히 군산 짬뽕의 한 축을 담당하고 있어요.

키다리짬뽕아저씨 픽 side menu

볶음밥

'복성루'의 트레이드마크였던 볶음밥은 지금도 늦게 오면 드실 수 없습니다. 고슬고슬한 밥알, 적당한 간, 기분 좋은 불 향, 기름 코팅까지도 아주 좋아서 짬뽕과 함께 드시기엔 최고입니다.

볶음밥 쌀알의 기름 코팅이란 이런 것!

짬뽕 맛 한줄평! 간이 좋고 면발마저 좋은 군산 대표 짬뽕.

매운 정도

since 1973

오랜 기간 꾸준히 TV에 소개되고 있는 집이에요

쌍용반점

주소 전라북도 군산시 내항2길 121

찾아가기 군산 시외버스터미널에서 버스로 15분

운영 시간 월요일-일요일 11:00~20:00, 둘째 주 넷째 주 일요일 휴무

주요 메뉴 및 가격

조개짬뽕 10,000원 / 탕수육(소) 24,000원

백년가게에 선정된
맛집입니다.

명실상부한 '조개짬뽕'의 최고봉

'군산' 하면 '맛있는 짬뽕'이 생각나게 하는, 한 축을 담당하는 짬뽕집. 이 가게의 역사는 어느덧 50년이 되었어요.

금강과 서해가 연결되는 바다 앞, 동백대교 바로 옆에 위치한 '쌍용반점'은 오션뷰 전망도 더할 나위 없이 좋지만 무엇보다 짬뽕이 변함없이 맛있어요.

이곳의 시그니처 메뉴는 '조개짬뽕'. 고즈넉한 도시 군산과 잘 어울리는 '백년가게'입니다. 언론과 TV에도 꾸준히 등장하는 군산을 대표하는 짬뽕 맛집입니다.

조개짬뽕

중식의 기름진 느낌 없이 깔끔하고 시원하다는 점이 가장 큰 매력입니다. 홍합, 바지락, 백합 등이 아주 푸짐하게 들어가서 조개껍데기를 담는 그릇이 금방 수북이 찹니다. 돼지고기는 당연히 없고, 오징어조차 없어요.

최근에 유행하는 고기가 들어간 묵직한 짬뽕과는 방향이 완전히 반대이지만, 정말 시원하고 칼칼하고 감칠맛 납니다.

키다리짬뽕아저씨 픽 side menu

탕수육

부먹. 투명한 소스에 야채가 많이 올라갑니다. 짬뽕에 고기가 전혀 없어서 고기를 깨끗이 튀긴 이 탕수육과 궁합이 아주 좋습니다.

짬뽕 맛 한줄평! 다양한 조개가 들어간, 시원하고 칼칼한 짬뽕의 국가대표!

매운 정도

since 1976

평범한 듯하지만 계속 생각나는 집이 맛집 아닐까요?

영화원

주소 전라북도 군산시 구영5길 112
찾아가기 군산 고속버스터미널에서 버스로 15분
운영 시간 화요일-일요일 11:00~15:00
주요 메뉴 및 가격
해물짬뽕 9,000원 / 탕수육(중) 25,000원 / 유니짜장 7,000원 / 물짜장 10,500원

근처에 어마어마하게 유명한 빵집 '이성당'이 있으니 짬뽕을 먹은 후 방문해보세요.

키다리짬뽕아저씨의 군산 짬뽕 원 픽!

군산시는 100여 년 전 중국에서 화교가 직접 들어왔던 항구 도시라서 중식당이 많습니다. 게다가 맛있기로 소문난 전라도의 손맛이 더해져서, 짬뽕맛집이 무척 많습니다. 오랜 세월 명맥을 유지하고 있는 중식당들이 몇몇 있는데, 그중에서도 '영화원'은 화교 사장님이 운영하는데도 한국 맛과의 조화가 좋아서 소개해보겠습니다.

특히 이 일대에는 오래된 건물들, 짬뽕집들, 영화 세트장, 유적지, 바닷가 등의 볼거리도 많아서 짬뽕 여행으로 아주 좋습니다.

해물짬뽕

맛있는 짬뽕이 오히려 화려하지 않은 경우가 있는데 여기가 그렇습니다.

고기, 새우, 오징어, 버섯과 야채가 들어 있습니다. 육수가 담백하면서도 싱겁진 않고, 간이 있는데도 짜지 않게 느껴집니다. 육수와 야채들과의 조화가 좋아서 그렇습니다.

고기가 들어 있지만 고기 냄새는 없고, 고춧가루가 들어 있지만 텁텁함 없이 깔끔합니다. 기분 좋을 만큼 매우면서 후추 맛까지 아주 적당합니다. 불 향이 강조되지 않아서, 자극적이지 않고 은은한데 여기만의 풍미가 있습니다.

키다리짬뽕아저씨 픽 side menu

탕수육

부먹. 전형적인 옛날 스타일이지만, 묵직하면서 잘 튀긴 고기튀김이 소스에 살짝 눅눅해지는 식감이 아주 좋아요.

짬뽕 맛 한줄평! 오랜 화교 중식당의 맛과 호남 지역의 맛이 합쳐진, 밸런스 최고의 짬뽕!

매운 정도

since 1979

보온병에 담아서 갖고 다니면서 마시고 싶은 육수

신동양

주소 전라북도 익산시 평동로11길 60
찾아가기 KTX익산역에서 도보 14분
운영 시간 월요일-일요일 11:00~20:00, 매주 토요일 휴무
주요 메뉴 및 가격
고추짬뽕 8,000원 / 삼선짬뽕 12,000원 / 삼선볶음밥 13,000원 / 탕수육(소) 18,000원

실내의 옛 간판에서 운치를
느껴보세요.

대한민국 최고의 백짬뽕의 한 군데

전라북도 군산부터 익산은 짬뽕 군락지라고 부를 수 있을 만큼 맛있는 짬뽕집이 많습니다.

그중 짬뽕 마니아 분들이 꼭 가보셔야 하는 곳이 익산에 위치한 '신동양'입니다. 노포 화교 중식당으로 하얀 '고추짬뽕'이 이곳의 대표 메뉴입니다. 첫 국물부터 다 먹을 때

까지 굉장히 맛있는데 다른 곳에서는 절대 맛볼 수 없는 맛이에요. 육수의 맛이 보온병에 넣어서 가지고 다니고 싶을 정도로 특별합니다.

여름에도 맛있고 겨울에도 맛있는 신동양의 고추짬뽕은 어떤 맛일까요? 키다리짬뽕아저씨의 '전국 12대 짬뽕'에 의심의 여지 없이 들어가는 짬뽕을 먹으러 떠나보시죠!

고추짬뽕

백짬뽕이지만 '고추짬뽕'이라는 이름답게 상당히 칼칼해요. 그러면서 시원하고 감칠맛이 좋아요. 고추짬뽕답게 고추가 많이 올라가 있는데, 심하게 매운 중국 고추가 아니라 씹어 먹어도 좋은 우리나라 고추입니다. 맵지만 맵찔이 분들도 맛있게 드실 수 있는 맛으로 땀은 나지만 배는 안 아픈 '시원한 매운맛'입니다.

강한 불로 볶아 나온 느낌이 좋습니다. 야채와 고추의 아삭한 식감도 좋아요. 묵직한 국물은 아니지만 돼지고기가 빈틈을 정확하게 메워줍니다. 언제나 찬양하고 싶은 최고의 백짬뽕!

키다리짬뽕아저씨 픽 side menu

삼선볶음밥

싱싱한 해물이 많이 들어가서인지 수분도 좀 느껴지지만, 웍에 확 볶은 느낌이 충만합니다.

불 향, 밥의 볶은 정도, 기름 코팅, 간까지 아주 좋아서 웬만한 잡탕밥보다도 만족도가 높아요. 짜장소스 없이도 맛있습니다.

탕수육

오래된 인기 중식당답게 이곳만의 맛이 명확합니다. 노포 식당에서 가끔 만날 수 있는 배추가 올라간 탕수육. 투명한 탕수육 소스는 화교 식당스럽게 시큼한 향이 확 올라옵니다.

짬뽕 맛 한줄평! 칼칼한 국물, 굉장한 감칠맛, 볶은 느낌까지 아주 좋은 최고의 백짬뽕.

매운 정도

독특하고 맛있는 국밥스러운 짬뽕

대흥각

주소 전라북도 김제시 검산택지1길 29
찾아가기 KTX 김제역에서 버스로 15분
운영 시간 월요일-토요일 11:30~19:00
주요 메뉴 및 가격
고추짬뽕 10,000원 / 육미짜장 10,000원 / 탕수육 30,000원 / 덴뿌라 30,000원

중식과 한식의 절묘한 하이브리드

김제 '대흥각'은 오래전부터 짬뽕 마니아 분들에게 유명한 식당. 대흥각은 우리나라식 짬뽕을 아주 맛있게 하는 가게여서 추천해요. 2021년, 지금의 자리로 이전했습니다.

고추짬뽕

맛있는 육개장과 느낌이 비슷해요. 불 향은 거의 없고 간은 살짝 센 편이고요.

그러면 평범할 거 같은데 아주 희한하게 맛있습니다. 고기는 푸짐하지만 해물은 전혀 없어요. 목이버섯, 고추, 호박, 파프리카 등을 볶아 넣었습니다. 고기짬뽕이지만 느끼하지 않아서 졸립지도 부대끼지도 않습니다. 면은 불규칙한 수타면류여서 국물 흡수가 잘 됩니다.

짬뽕에 들어간 유슬고기의 양이 압도적이에요.

키다리짬뽕아저씨 픽 side menu

덴뿌라

여기서는 탕수육보다 덴뿌라를 드셔보세요. 여기만큼 바삭한 튀김은 찾기 힘들어요.

극단적으로 크리스피하지만 튀김옷은 두껍지가 않고, 고기는 뻑뻑하지 않아서, 씹는 맛이 아주 좋아요. 튀김옷에 간도 잘 되어 있어서 '스낵형' 고기튀김입니다.

육미짜장

육미짜장은 유니짜장의 다른 말입니다. 소스를 드셔보면 다른 곳의 유니짜장과는 다르다는 걸 알 수 있어요. 짜지 않고 고소한데 춘장 맛은 오히려 적은 느낌이에요. 살짝 경양식의 라구소스 같은 느낌이 들고요. 칠리소스 같은 풍미도 느껴져서, 짜장 맛이면서도 아닌 거 같은 느낌이 듭니다. 개성이 강하면서 맛있습니다.

 고추지만 맵지 않고, 짬뽕이지만 느끼하지 않고, 개운하고 깔끔하게 맛있는 국밥형 짬뽕.

전라북도 정읍의 전국구 맛집입니다

양자강

주소 전라북도 정읍시 우암로 57

찾아가기 정읍역에서 버스로 12분

운영 시간 화요일-일요일 10:40~19:30

주요 메뉴 및 가격

비빔짬뽕 10,000원 / 간짜장 8,000원 / 탕수육(소) 18,000원 /
볶음탕수육(소) 20,000원

TV에도 소개된, 전국구 비빔짬뽕을
먹으러 여행을 떠나보세요.

국물이 많은 독특한 비빔짬뽕

정읍시는 전라북도의 작은 도시지만, 운치와 역사가 있는 곳으로 한 번쯤 여행을 가볼 만합니다.

이곳에도 전국구 짬뽕 맛집이 있어요. 양자강의 비빔짬뽕은 여기만의 맛이 있어서, 짬뽕 마니아라면 꼭 들러보셔야 합니다. 사실 짬뽕 맛만으로도 강렬한 감흥이 온다기보다는 고즈넉한 전라북도 정읍의 운치를 느끼면서 경험하기에 좋습니다.

비빔짬뽕

비주얼부터 보통의 간짬뽕이나 비빔짬뽕과는 달라요. 뻑뻑하게 비벼 먹는 스타일이 아니라 국물이 많습니다. 맵지도 않고, 매콤달콤도 아니고, 불 향이 강하지도 않아요.

감칠맛은 강한데 '고기 오징어찌개'를 졸인 것 같은 맛이라고 표현할 수 있어요. 중식이라기보다 어딘가 한식 같은 느낌의 국물입니다.

호남의 중식 맛집답게 중식과 한식의 콜라보 느낌으로 개성 있게 맛있어요.

키다리짬뽕아저씨 픽 side menu

간짜장

우리가 아는 맛있는 맛. 소스는 되직한 스타일은 아니지만, 막 볶은 느낌이 제대로입니다. 고기가 많고, 야채를 볶은 느낌도 좋아요. 짜장 맛집으로도 손색이 없습니다.

볶음탕수육

이곳의 볶음탕수육은 정통 탕수육이 아닌 매운 탕수육입니다. '맛있는 양념치킨' 맛이 납니다. 고기가 실하고, 바삭한 느낌이 오래 가서 집어 먹기 좋아요.

 졸여놓은 맛있는 찌개 같은 특별한 맛의 비빔짬뽕.

since 1955

그 옛날 해태타이거즈 선수들과 함께한 식당이에요

영발원

주소 광주시 북구 서림로 141
찾아가기 양동시장역에서 도보 18분
운영 시간 월요일-일요일 11:00~20:30, 첫째 주 셋째 주 월요일 일요일 휴무
주요 메뉴 및 가격
짬뽕 9,000원 / 건짬뽕 12,000원 / 탕수육(소) 20,000원 / 대구깐풍 40,000원

삼선짬뽕에는 어마어마한
전복이 들어 있어요!

광주광역시의 유서 깊은 대표 중식당!

이 책에서는 지역 대표 중식당보다는 짬뽕 맛집이 우선이지만, 그래도 광주시는 단연
이곳을 먼저 가보셔야 한다고 생각합니다. '영발원'은 70년이 되어가는 노포이면서 무
등 야구장, 챔피언스필드랑도 가까워서 옛날 김응룡 감독, 김성한 선수 같은 레전드
선수들과 함께해온 역사가 느껴지는 식당입니다. 소개를 한다는 건 짬뽕도 꽤 괜찮다
는 얘기.

인테리어를 새로 한 이후로는 노포 같은 아늑한 느낌은 사라졌지만, 여전히 인기가
있습니다. 요리부터 다른 식사들까지 참 잘하는 집입니다.

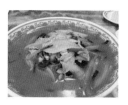

짬뽕

평범하게 생긴 짬뽕이지만, 흠 잡을 데가 없습니다. 국물이 아주 진하지도 않고 매운맛도 강렬하지도 않지만, 호남의 짬뽕답게 여러 가지 맛의 밸런스와 감칠맛이 좋아요. 아주 푸짐하다기보다, 왠지 느낌이 좋은 짬뽕입니다.

건짬뽕

건짬뽕으로 TV에도 나온 집이지만 예상과 다른 맛에 놀랄 수 있어요. 제주도의 간짬뽕과도 다르고 대구의 중화비빔 스타일과도 달라요. 즉, 불맛이 세거나 간이 강하지는 않습니다. 면의 양이 많고 슴슴합니다. 사천짜장 비슷한 느낌의 마른 짬뽕입니다.

키다리짬뽕아저씨 픽 side menu

탕수육

전형적인 화교 중식당의 부먹 탕수육. 시큼한 맛이 적은 편이어서, 우리 입맛과는 잘 맞습니다. 크리스피하기보다는 쫀쫀해서 씹는 맛이 좋습니다.

'대구깐풍'이라는 이곳만의 요리가 있어요.

 짬뽕 맛 한줄평! 강한 개성보다는 밸런스가 아주 좋은, 맛의 고장 지역의 대표 중식당 짬뽕.

매운 정도

어디서나 먹힐 만한 웰 밸런스드 짬뽕!

불타는용궁짬뽕

주소 전라남도 화순군 화순읍 칠충로 11
찾아가기 화순군 버스터미널에서 버스로 10분
운영 시간 화요일-토요일 10:15~19:00, 일요일 10:00~15:00
주요 메뉴 및 가격
용궁짬뽕 11,000원 / 용궁짜장 10,000원 / 탕수육(소) 20,000원

불타는용궁짬뽕이지만 매운 짬뽕은 아니니 안심하세요.

불타는 짬뽕을 먹으려면 용궁이 아니라 화순군에 가야 합니다

광주광역시도 아니고 '화순군' 그리고 '용궁짬뽕'이라는 이름만 들으면, 지역 색채가 꽤 짙은 짬뽕일 것 같지만 굉장히 세련된 짬뽕이에요. 이 음식 그대로 대도심 한복판에 있어도 잘 어울립니다.

그래서 지역에서는 이미 대단한 맛집으로 자리 잡았어요. 주말에 가면 항상 대기 시간이 있어요. 그래도 테이블이 많고, 회전도 빠른 음식이기에 아주 오래 기다리지 않고 들어갈 수 있어요. 실내가 꽤 넓은데 쾌적하고, 직원 분들도 친절하셔서 좋습니다.

용궁짬뽕

국물을 처음 입안에 넣으면 손님이 왜 이렇게 많은지 바로
알 수가 있어요.
과하지 않게 묵직한 육수에 신선한 바지락이 잔뜩 들어가서
감칠맛이 폭발해요. 게다가 적당히 맵고 밸런스가 좋습니다.
잘게 잘라놓은 파가 느끼함도 잡았어요.
매워서가 아니라 불맛이 가득해서 불타는 짬뽕이래요.

키다리짬뽕아저씨 픽 side menu

용궁짜장

온갖 맛있는 재료는 다 들어가서 비주얼이 대단합니다. 삶은
달걀 반 개가 포인트!
소스는 전형적인 강한 단짠으로 안 달고, 안 짜고, 고소하고,
뻑뻑한 간짜장과는 완전 반대입니다. 남녀노소 무조건 맛있
게 먹을 수 있는 종합 선물 세트 같은 맛이에요.

탕수육

부먹. 바닥에 투명한 탕수육 소스가 깔려 있어요. 그 위에 아
주 바삭한 고기튀김이 있고, 양상추, 양배추, 견과류가 마요
네즈소스와 함께 올라가 있어요. 올라간 고명이 마치 사라다
를 연상케 합니다.
전형적인 탕수육과는 거리가 있지만, 그 맛들이 잘 어울립니다.

풍부한 바지락과 해물 재료, 육수와 간의 밸런스가
세련된, 화순에서 만나는 웰 메이드 짬뽕.

since 1969

짬뽕 밤바다~ 그 해물이 있는~

산해반점

주소 전라남도 여수시 통제영5길 10-2
찾아가기 KTX 여수엑스포역에서 버스로 7분
운영 시간 월요일-일요일 11:00~21:00, 첫째 주 셋째 주 월요일 휴무
주요 메뉴 및 가격
삼선짬뽕 11,000원 / 유니짜장 9,500원 / 볶음밥 9,000원 / 탕수육 24,000원 /
난자완스 33,000원

이순신 광장이 가까워요.

여수 밤바다 옆 짬뽕집

여수는 전라남도 바닷가의 대표 관광지입니다. 여수에는 줄 서는 식당 '순심원'이 있어요. 하지만 순심원은 철판짜장이 맛있는 집. 여수에서 짬뽕을 드시고 싶으시다면 '산해반점'을 추천합니다.

이곳은 50년이 넘는 중식당으로 다양한 요리들도 맛있습니다.

삼선짬뽕

일반 짬뽕보다는 '삼선짬뽕'을 드셔야 합니다. 2천 원 차이인데 국물의 느낌부터 달라요. 비주얼, 내용물, 맛까지 3박자를 모두 갖췄어요.

튼실한 전복과 새우, 탱글한 오징어와 조개가 들어 있어서 감칠맛이 좋아요. 일반 짬뽕보다 진득하고 간도 짜지 않게 좋습니다. '요리 잘하는 식당에서 짬뽕도 맛있게 볶은' 느낌이 납니다.

키다리짬뽕아저씨 픽 side menu

난자완스

탕수육도 잘하는 집이지만 먼 거리에서 여행을 오셨다면 '난자완스'에 도전해보세요. 굴소스가 거의 들어가지 않은 듯한 밝은 색 소스는 간이 아주 좋고, 완자는 고기 식감이 좋으면서도 전처럼 얇아서 별미입니다.

볶음밥

파, 당근, 달걀들을 아주 잘게 잘라서 고슬고슬하게 볶았어요. 기름기가 적어서 느끼함이 없어요. 고슬고슬한 느낌은 잘 살아 있어서, 요리와 함께 먹기도 좋아요.

 짬뽕 맛 한줄평! 비주얼, 내용물, 맛까지 3박자가 고르게 맛있는 훌륭한 전통식 짬뽕.

 매운 정도

·유일반점

·성산해녀짬뽕

·그시절그짬뽕

·홍성방

·아서원

제주도

제주도는 좋은 중식당과 맛있는 짬뽕이 많은 지역입니다.
여행을 가면 예상보다 훨씬 훌륭한 요리들과 맛있는 짬뽕에 놀랄
수 있습니다. 지역 특성상 해산물이 풍부하고, 중식의 주재료인 돼
지고기까지 유명한 지역이니까요.
게다가 제주도는 오래전에 육지를 통하지 않고 한림항을 통해서 화
교가 직접 들어온 지역이에요. 한림항부터 제주시, 서귀포시에는
오랜 업력의 정통 화교 중식당이 많이 있습니다. 제주도 짬뽕 맛집
5곳을 소개합니다.

since 1970

다소 평범하게 생긴 가게 안에 놀라운 짬뽕과 요리들

유일반점

주소 제주도 제주시 광양7길 13
찾아가기 제주국제공항에서 버스로 30분
운영 시간 월요일-토요일 11:30~21:00, 매주 일요일 휴무
주요 메뉴 및 가격
고추짬뽕(중) 11,500원 / 간짬뽕 11,000원 / 난자완스 30,000원 / 볶음밥 7,000원

54년 역사의 노포 화교
중식당입니다.

제주시 시내에서 맛볼 수 있는, 진득한 정통 고추짬뽕!

제주도는 특별할 정도로 맛있는 중식당이 많은 지역이에요. 돼지고기 산지인데다가,
바닷가라서 해물 재료도 최고이고, 관광지라서 맛집도 많아요. 게다가 과거에 화교가
직접 들어온 지역이라서 정통 화교 노포들도 많습니다.
제주시 시내에도 좋은 중식당이 많지만 시청 앞 '유일반점'은 특별합니다. 외지인들에
게 유명하진 않지만 50년이 넘는 역사를 자랑하고, 특급 고추짬뽕이 있습니다.

고추짬뽕

고추짬뽕 마니아분들은 첫 국물만 드셔도 엄지 척하실 거예요. 매운맛이 강한데 자극적이지 않고 묵직하고 깊게 맵습니다. 간은 적당히 있으면서도 짜지 않고, 불맛은 충분히 느껴지지만 과하지 않아요. 재료는 오징어, 새우, 고기, 굴이 들어갑니다. 양파, 당근 등의 야채들을 고기와 해물과 비슷한 크기로 잘라놓은 점이 매력 있어요.

키다리짬뽕아저씨 픽 side menu

난자완스

여기서는 난자완스를 꼭 드셔보세요. 햄버그스테이크가 생각날 만큼 완자 한 알 한 알이 두텁고 큼지막합니다. 퍽퍽하지 않고 고소하고, 부드럽고, 고기 입자가 다 살아 있어요. 짜지 않으면서 맛있는 소스까지 뭐 하나 부족한 게 없습니다. 단, 주문하면 나오는 데 시간은 좀 걸립니다.

짬뽕 맛 한줄평! 묵직하고 진하고 맵지만 과하지 않은, 최고 수준의 고추짬뽕.

매운 정도)))))

제주도 항구에서 맛보는 짬뽕

그시절그짬뽕

주소 제주도 제주시 한림읍 한림북동길 7 한림중앙상가 1층 115호
찾아가기 제주국제공항에서 버스로 1시간
운영 시간 월요일-일요일 11:00~15:00, 매주 화요일 수요일 휴무
주요 메뉴 및 가격
고추짬뽕 10,000원 / 간짬뽕 10,000원 / 삼선짬뽕 10,000원 / 잡채밥 8,000원

오픈 키친으로 전설적인 셰프님이
조리하는 모습을 볼 수 있어요.

어쩌면 우리나라 짬뽕 원 픽

여기는 제주도 한림항 상가 건물 안 작은 짬뽕 가게 같지만 굉장한 셰프님이 계십니다. 서울 강남에서 유명했던 중식당 주방장님이 20~30년쯤 전에 제주도로 내려와서 '만강홍' 주방장님으로 계셨죠. 유명 맛집이었습니다.

은퇴를 하셨다가 한림항 상가 안에 한 칸짜리 작은 가게를 냈는데 '그시절그짬뽕'입니다.

조리하는 모습만 봐도 '대가가 아닐까?'라는 느낌을 받을 수 있어요. 연로하신데도 단정하시고, 부지런하시고, 친절하시고, 작은 가게가 깨끗하게 정리가 잘 된 느낌입니다. 장인 정신이 느껴져 존경스러운 마음이 듭니다.

고추짬뽕

글과 사진만으로 이 짬뽕이 얼마나 우월한 짬뽕인지 설명드릴 수 없는 게 안타까울 정도입니다. 대한민국 최고의 짬뽕 중 하나입니다.

육수는 고기 육수가 아니라서 기름기가 적은데도 진하고 묵직합니다. 달궈진 웍 안에서 신선한 야채와 고기, 해물들을 순식간에 볶아내서, 풍미가 국물에 가득 배어들었어요. 불맛이 굉장히 고급스럽고 세련됐어요. 대단한 맛으로 여러분도 꼭 맛보셨으면 좋겠습니다.

키다리짬뽕아저씨 픽 side menu

간짬뽕

간짬뽕은 제주도 한림에서 시작된 음식입니다. 일종의 볶음짬뽕인데, 매콤달콤한 맛이 과하지 않고 자연스럽습니다. 국물이 없어서 해물과 건더기가 더 많은 느낌이 아주 좋습니다. 재료는 딱새우, 돼지고기, 주꾸미, 오징어, 각종 야채, 버섯이 들어갑니다. 강력 추천합니다.

잡채밥

강하게 치고 빠지는 불맛. 간이 말도 안 되게 맛있습니다. 돼지고기와 풍부한 야채들이 그슬려 있으면서도 신선하게 살아 있어요.

짬뽕 맛 한줄평! 재료부터 육수, 간, 불맛까지, 완벽에 가까운 우리나라 톱클래스 짬뽕.

매운 정도 ♪♪♪♪

서귀포 모슬포항의 '아주 매운' 해물짬뽕

홍성방

주소 제주도 서귀포시 대정읍 하모항구로 76
찾아가기 제주국제공항에서 직행버스로 1시간 15분
운영 시간 매일 9:00~21:00
주요 메뉴 및 가격
빨간해물짬뽕 12,000원 / 고기짬뽕 10,000원 / 탕수육(2인) 20,000원 /
잡탕밥 15,000원

가게 간판부터 운치가 있어요.

여행하다가 들르기에, 딱 좋은 중식당

여기는 서귀포 대정읍 바닷가, 모슬포라고 부르는 지역입니다. 고즈넉한 바다 풍경이
참 좋습니다.

제주도를 크게 나누면 북부 제주시는 한림항을 통해서 들어온 화교 중식당들이 많고,
남부 서귀포시는 지역 특색이 있는 한식 같은 짬뽕들이 많이 있어요. 하지만 서귀포
시에도 '덕성원'이라는 귀한 화교 중식당이 있고, 지금 소개하는 모슬포항의 '홍성방'

도 화교 중식당이에요.

이곳은 포구에 위치하여 운치가 있고 간판부터 분위기가 있어서 여행하다가 들르기에 아주 제격입니다. 요리들도 맛있는 화교 중식당이지만 이곳만의 특징이 있는 짬뽕도 빼놓을 수 없어요.

빨간해물짬뽕

제주도 바닷가까지 왔으면 해물짬뽕을 먹어봐야죠. 그중에서도 빨간해물짬뽕 '매운맛'을 선택하면, 다른 데서는 맛볼 수 없는 아주 맵고 독특한 짬뽕을 드실 수 있어요.
육수는 시원한 국물을 맵게 만들어서 노골적으로 칼칼해요. 게 한 마리가 통째로 올라가는데, 국물을 내기 위한 어설픈 조각이 아니라, 살집이 제법 있는 튼실한 꽃게예요. 새우, 오징어, 홍합 등의 해산물이 모두 싱싱하고 간은 짜지 않아요. 아주 맵고 시원한 이 조합은 이곳에서만 맛볼 수 있는 특별한 맛이에요.

키다리짬뽕아저씨 픽 side menu

잡탕밥

제주도에 와서 해물이 드시고 싶을 때는 중식당에 가서 잡탕밥을 드셔보세요. 좋은 선택이 될 거예요. 새우, 주꾸미, 해삼, 전복, 관자 등 다양한 해물들이 가득 들어 있어요.

탕수육

절인 양파가 탕수육 위에 잔뜩 올라가 있어요. 고기 자체가 부드럽고 소스도 달달해서, 맵고 칼칼한 해물짬뽕과 같이 먹기에 궁합이 좋습니다.

 해물이 많고, 아주 맵고 묵직하지 않은, 개성파 짬뽕.

제주도 짬뽕은 '아서원'으로 시작하세요

아서원

주소 제주도 서귀포시 칠십리로 699
찾아가기 서귀포 버스터미널에서 버스로 30분
운영 시간 매일 10:00~18:30
주요 메뉴 및 가격
짬뽕 9,000원 / 탕수육 17,000원

근처 쇠소깍 가는 길은
남국의 정취가 뿜뿜!

제주도 남부 짬뽕의 자존심

서귀포시 동쪽, 쇠소깍 근처 '아서원'은 아는 사람들은 다 아는 오랜 짬뽕 맛집입니다.
시내에 걸출한 화교 중식당 '덕성원'도 있지만 서귀포시 주변에는 몇몇 지역 짬뽕 맛
집들이 있어요. 여기 '아서원'이 대표적인 곳이에요.
'이게 중식인가?' 하는 느낌은 틀림없이 들지만 드셔보면 아주 맛있습니다.
최근에는 800미터쯤 근처로 이전해서 새 건물에 주차장도 넓어졌어요.

짬뽕

빨갛지도 않은데 백짬뽕도 아니에요. 생전 처음 보는 육수인
데 이런 짬뽕이 맛있으면 대단한 경우가 많아요.
위로 보이는 새우, 돼지고기, 오징어 등의 고명과 푸짐한 숙
주. 시원한 해장국 맛이 예상되지만 그렇지 않습니다. 우리
가 아는 짬뽕의 맛과도 살짝 달라요. 말하자면 일본의 라면
맛과 비슷한데 더 맛있어요.
싱거워 보이는 외형과는 달리 간이 좋고, 안 매운 것 같지만
먹다 보면 칼칼한 맛도 세서, 끝까지 다 먹게 됩니다. 그리고
또 오게 됩니다. 육수를 들어 올리는 수저의 움직임을 멈출
수 없어요!

키다리짬뽕아저씨 픽 side menu

탕수육

짬뽕과 잘 어울리는 찍먹. 보기에는 평범해 보이지만 아삭한
튀김옷과 고기를 같이 씹는 느낌이 아주 좋아서 소스 없이도
맛있어요.

 중식 같지 않지만 숙주의 느낌이 참 좋은
제주 명물 짬뽕.

SNS에 어울리는 비주얼인데 맛도 꽤 좋아요

성산해녀짬뽕

주소 제주도 서귀포시 성산읍 일출로 275, 1층
찾아가기 제주국제공항에서 버스로 1시간 30분
운영 시간 월요일-일요일 10:00~19:30, 매주 수요일 휴무
주요 메뉴 및 가격
해녀짬뽕 19,000원 / 돌하르방게우볶음밥 14,000원 / 해녀짜장면 13,000원

성산 바닷가를 둘러보고 짬뽕을
먹으러 가는 코스입니다.

제주도 성산 관광지의 유명한 해물짬뽕!

맛집을 찾아갈 때는 음식의 맛과 향도 중요하지만 비주얼도 중요하고, 식당 근처의 분위기도 중요합니다.

제주도 대표 관광지 성산에도 맛있는 짬뽕이 있어요. 이곳의 짬뽕과 볶음밥은 '제주도 여행'과 딱 맞아떨어집니다.

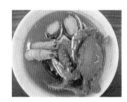

해녀짬뽕

다양하고 푸짐한 제주도의 해물이 펼쳐집니다. 어디에 내놓아도 뒤지지 않는 비주얼을 선보입니다. 통문어 다리, 통꽃게, 전복, 새우가 들어갑니다. 여기에 딱새우가 들어가기도 하고 뿔소라가 들어갈 때도 있어요. 철따라 재료가 바뀌니 당연히 맛이 좋아요.

짬뽕 중에서는 살짝 비싼 편이지만 퀄리티가 높아요. 감칠맛이 좋고, 맵지 않고, 시원합니다.

키다리짬뽕아저씨 픽 side menu

돌하르방게우볶음밥

전복의 내장을 넣고 볶은 '게우볶음밥'인데, 제주도답게 돌하르방 모양으로 나옵니다. 전복 내장의 맛이 확연하고, 불 향이 제대로 납니다. 간도 좋고, 볶은 느낌도 좋아요.

여름 한정 '문어냉우동'도 맛있어요.

 짬뽕 맛 한줄평! 제주도 해물 느낌의 해물짬뽕.

 매운 정도 🌶🌶🌶

· 이데짬뽕
· 링가핫토
· 시카이로
· 코코로

〈특집〉
일본

일본의 짬뽕은 우리나라 짬뽕과 방계혈족 정도라고 생각합니다. 비
슷하면서도 달라요.
짬뽕 마니아라면 멀고도 가까운 나라, 시차도 없고 물가도 비슷하고
금방 갈 수 있는 일본에 가보세요. 색다른 일본의 짬뽕을 드셔보는
것도 즐거운 일입니다. 특집으로 일본 짬뽕 맛집 4곳을 소개합니다.

since 1966

일본 짬뽕의 전도사

링가핫토 Ringer Hut

주소 일본 전역
운영 시간 가게별로 다름
주요 메뉴 및 가격
나가사키짬뽕 780엔 / 야채가득짬뽕 950엔 / 해물짬뽕 980엔 / 교자(군만두) 540엔

양이 적으면 곱빼기를 시키지 말고
볶음밥 반 공기를 드셔보세요.

이제는 일본 여행 어느 곳에 가셔도 짬뽕을 드실 수 있습니다

20년 전만 해도 일본의 짬뽕집들은 나가사키 근처 즉 '규슈 지역'의 지방 음식에 가까웠어요. 하지만 '링가핫토(Ringer Hut)'라는 짬뽕 전문 체인점이 일본 전역으로 퍼지면서, 이제는 도쿄, 오사카, 후쿠오카 등의 대도시뿐만 아니라 북쪽의 홋카이도에서도 짬뽕을 먹을 수 있습니다.

링가핫토는 1996년에 처음 오픈한 가게로 19세기 나가사키 지역의 전설적인 영국

상인 'Fredrick Ringer'의 이름과 'Pizza Hut'의 합성어로 상호명이 탄생했습니다. 2009년에는 일본과 대만에 550번째 점포를 오픈했습니다. 일본 어디를 방문하시든지 그 지역의 링가핫토를 검색하시면, 어느 정도 맛이 개런티된 일본 짬뽕을 맛보실 수 있어요.

야채가득짬뽕
'나가사키짬뽕'도 있지만 '야채가득짬뽕'이 야채도 많고 내용물도 푸짐해서, 육수의 맛이 더 좋습니다. 돼지고기와 어묵이 푸짐하고, 야채를 볶은 느낌도 좋습니다. 육수는 뽀얗고 면은 특유의 굵은 면입니다. 매운맛은 전혀 없지만 다양한 소스가 준비되어 있어요.

해물짬뽕
조개, 새우, 오징어가 들어가서 우리나라 짬뽕과 비슷한 비주얼입니다. 양이 살짝 적고, 값은 살짝 더 비싸요.

키다리 짬뽕 아저씨 픽 side menu

교자(군만두)
따로 시킬 수도 있고, 세트 메뉴도 있어요. 일본의 교자는 우리나라 군만두보다 살짝 작지만, 평균 이상의 맛을 냅니다.

 짬뽕 맛 한줄평! 누구나 맛있게 먹을 수 있게 만든, 크리미하면서도 볶은 느낌이 좋은 백짬뽕. 매운정도

since 1899

짬뽕 마니아라면 방문 필수!

시카이로 四海樓

주소 4-5 Matsugaemachi, Nagasaki, 850-0921, Japan

찾아가기 나가사키역에서 버스로 18분

운영 시간 월요일-일요일 11:30~19:30

주요 메뉴 및 가격

짬뽕 1,210엔 / 초면 1,210엔 / 탕초배골 1,650엔 / 닭튀김 880엔 /
야키교자(군만두) 660엔

우리나라 대형 마트에서 냉동
'시카이로짬뽕'을 팔고 있어요.

일본 나가사키짬뽕의 원조집!

나가사키짬뽕은 우리나라의 짬뽕과는 다르면서 비슷한 부분도 있어서 매력 있어요.
원조 집은 나가사키 차이나타운에 있을 것 같지만, 차이나타운 옆에 위치한 100년이
훌쩍 넘은 중식당 '시카이로'가 시작입니다.

5층짜리 단독 건물 대형 중식당인 이곳에는 '짬뽕 박물관'이 있습니다. 무엇보다도 5층
에 위치한 큰 홀에서 나가사키만의 바다를 정면으로 보며 짬뽕을 먹을 수 있으니 경
치를 감상하며 짬뽕을 즐겨보세요.

짬뽕

1800년대 후반부터 판매되었던 이 나가사키짬뽕은 중국인 '진평순(陳平順)'이라는 사람이 처음 만든 음식입니다. 하지만 원조 짬뽕이라고 기대하고 드시면 안 돼요. 우리나라식 짬뽕과는 많이 다른 맛입니다.

돼지고기와 닭 뼈의 혼합 육수에 양배추의 향이 진해서 크리미한 느낌이 강해요. 재료는 퀄리티가 꽤나 좋은데 양배추, 숙주, 오징어, 돼지고기, 새우 등이 푸짐하고 고급스러운 가마보코(어묵)가 포인트입니다. 위에는 달걀 지단까지 올라가요. 무엇보다 면발이 제일 독특합니다. 우동 면발처럼 굵지만 희한하게 쫄깃하지는 않아요.

워낙 생소한 맛이라서 우리나라식 나가사키짬뽕을 기대하고 드시면 안 되지만 익숙해지면 꽤 맛있습니다.

키다리 짬뽕 아저씨 픽 side menu

초면(가는 면의 사라우동)

사라우동은 굵은 면과 가느다란 튀긴 면 두 가지가 있습니다. 후자를 추천합니다. 나가사키짬뽕 육수를 졸여 만든 볶음짬뽕과 비슷해요. 간은 짬뽕보다 살짝 센데, 아삭한 면 때문에 식감이 독특합니다.

탕초배끌(탕수육)

뜻밖에 탕수육 같은 메뉴가 있어요. 하지만 양이 상당히 적습니다.

야키교자(군만두)

일본 중식당의 교자는 '실패가 적은 느낌', '좀 더 깔끔한 느낌'이 있어서 짬뽕과 같이 드셔보는 걸 추천해요.

 짬뽕 맛 한줄평! 매운맛이 전혀 없고, 재료 좋고 간이 좋은, 크리미한 짬뽕.

매운 정도

일본에서 유래된 이름 '짬뽕'

'짬뽕'의 어원이 일본의 'ちゃんぽん(짬뽕)'에서 유래되었는지, 다른 곳에서 유래되었는지에 대해서는 다양한 이야기와 의견이 있어요. 확실한 건 우리나라의 짬뽕은 짜장면과 함께 동네마다 파는 곳이 수십 군데씩 있는 한국인의 소울푸드라는 겁니다. 반면에 일본의 경우는 전 국민이 짬뽕을 즐겨 먹지는 않아요. 일본 사람들의 소울푸드는 '우동'과 '소바' 그리고 '라면'입니다.

하지만 처음 짬뽕을 만들어서 이름을 붙이고 판 가게가 19세기 말 나가사키의 중국인 식당 '시카이로'였어요. 게다가 1980~1990년대에만 해도 우리나라 중식당에서는 '다꽝', '다마네기', '와리바시' 등의 용어가 많이 쓰였고, 아직도 오래된 가게에는 '야키만두', '야키우동', '덴뿌라' 등의 메뉴가 남아 있어요. 이것을 보면 짬뽕이라는 이름은 일본 '짬뽕'에서 유래되었을 확률이 크다는 걸 알 수 있어요. 물론, 일본이 아니라 중국에서 이름이 유래되었다는 의견도 있어요.

어쨌거나, 일본의 짬뽕은 우리나라 짬뽕과 다르면서 비슷합니다. 다른 점은 빨갛지가 않고, 어묵이 들어가는 경우가 많고, 면발도 독특합니다. 백짬뽕이지만 우리나라보다 좀 더 크리미한 맛이 나기도 하죠.

절대 깔끔하거나 칼칼하지 않아요.

비슷한 점은 재료와 야채들을 웍에 볶는 경우가 많고, 해물과 고기가

들어가고, 돈골 육수나 닭 뼈 국물 등을 사용하기도 한다는 점이에요.

짬뽕 마니아이라면 멀고도 가까운 나라, 일본에 가서서 색다른 짬뽕

을 경험해보세요.

나가사키짬뽕보다 입맛에 맞으실 거예요

코코로 お食事処 心

주소 399 Obamacho Kitano, Unzen, Nagasaki 854-0515, Japan
찾아가기 나가사키역에서 버스로 1시간 40분
운영 시간 월요일-일요일 11:00~20:00, 매주 수요일 휴무
주요 메뉴 및 가격
오바마짬뽕 800엔(달걀 포함) / 야키소바 750엔 / 돈까스정식 1,350엔

이 지역의 지자체에서 '오바마짬뽕 지도'를 만들어서 배포하는데, 그중에서 첫 번째 가게입니다.

오바마짬뽕의 대표 가게

나가사키현 동쪽 '운젠'이라는 온천 지역의 '오바마'라는 해변을 낀 작은 마을에는 '오바마짬뽕'이 유명합니다.

우리나라의 경우도 한국화된 짬뽕이 더 맛있는 경우가 있는 것처럼 일본도 차이나타운의 나가사키짬뽕보다 현지 일식 느낌의 '오바마짬뽕'이 우리 입맛에 더 잘 맞을 수 있어요.

여긴 중식당이 아니라서 '돈까스', '야키소바' 같은 일본의 대표 대중 음식이 있으니까 같이 드셔보세요.

오바마짬뽕

중식과 일식이 잘 혼합된 형태입니다. 설렁탕 같은 육수에 형형색색 해물 재료와 야채, 가마보꼬(어묵)가 들어갔어요. 여기에 달걀을 추가하면 더 맛있습니다. 시원하고 담백하고 몸에 좋은 느낌의 감칠맛이 일품입니다.

나가사키짬뽕의 면발보다 오바마짬뽕의 면발이 더 맛있다는 분들이 많으실 거예요. 오마바쵸 제면소에서 직접 조달한다고 하는데, 중식 면보다 쫀득쫀득합니다.

키다리 짬뽕 아저씨 픽 side menu

야키소바

야키소바는 돈카츠만큼이나 일본인의 소울푸드인 음식이에요. 집에서도 만들어 먹고, 대부분의 식당에서도 파는 메뉴입니다. 오바마짬뽕과 함께 즐겨보세요. 오바마짬뽕이 흰 음식이라면, 야키소바는 소스가 있는 음식이라서 같이 먹으면 꽤 조화롭습니다.

 맛있는 일식같이 현지화가 잘된 짬뽕.

since 1949

실내의 분위기가 운치도 있고 꽤나 매력 있습니다!

이데짬뽕 井手ちゃんぽん

주소 1928 Kitagatacho Oaza Shiku, Takeo, Saga 849-2201, Japan
찾아가기 사가공항에서 운전해서 45분
운영 시간 월요일-일요일 11:00~20:30, 매주 수요일 휴무
주요 메뉴 및 가격
짬뽕 870엔 / 특제짬뽕 1,030엔 / 카츠동 930엔 / 교자(군만두) 300엔

일본 짬뽕집 중에서 우리 입맛에 꽤나 잘 맞는 식당!

나가사키에서 일본의 짬뽕이 시작되어서인지 나가사키가 속해 있는 '규슈' 지역에는
짬뽕집들이 꽤 많습니다. 그중에서 사가현 '이데짬뽕'은 키다리짬뽕아저씨가 가장 추
천드리고 싶은 일본 짬뽕집.
1949년 초대 사장님이 나가사키짬뽕을 좀 더 입맛에 맞게 바꿔서 현재의 자리에 개업
했고, 1980년 아들이 물려받으면서 지금의 '이데짬뽕'으로 이름을 바꾸었어요.
본점은 한적한 마을 단독 1층 건물에 있고요. 현재는 규슈 곳곳에 지점들도 있지만 여
행을 가신 분들은 당연히 본점에 가셔야죠.

특제짬뽕

나가사키짬뽕과 비슷하면서도 다른데, 우리 입맛에는 나가
사키짬뽕보다 더 잘 맞습니다. 숙주, 양배추, 양파가 산처럼
쌓여 있는데, 볶은 느낌이 확실해서 식감이 아주 좋아요. 돼
지고기와 가마보코(어묵)가 들어가 있는데, 아주 잘 어울립
니다. 살짝 돈코츠라면 느낌도 나요. 육수는 묵직하고 고소
한데 당연히 매운맛은 없어요. 간은 좋은 편이지만 건강한
느낌이 나는 정도입니다. 일본식당답게 자가제면을 하는데,
살짝 둥근 면발이 좋습니다.

짬뽕

특제짬뽕에서 달걀과 목이버섯이 빠졌어요. 특제짬뽕이 양
이 많은 편이어서 양이 적으신 분들께는 일반 짬뽕이 더 적
합합니다. 교자(군만두)나 카츠동을 같이 드신다면 일반짬뽕
으로 충분하지만, 그래도 먼 곳으로 여행 가셨으면 '특제'로
드시기를 추천드려요.

키다리 짬뽕 아저씨 픽 side menu

카츠동

'돈카츠돈부리', 즉 돈까스덮밥. 우리나라에서도 많이 먹는
음식이지만 일본의 오랜 정통 식당에서 먹어보면 정말 비현
실적으로 맛있는 경우가 있습니다. 바로 여기가 그렇습니다.
75년 역사의 식당에서 만들어서 파는 정통 카츠동을 드셔보
세요.

카츠동 등의 돈부리들도
맛있는 식당입니다.

짬뽕 맛
한줄평! 푸짐한 야채들을 기분 좋게 볶은
돈코츠라면 같은 백짬뽕.

매운
정도

수도권 지하철 노선별 짬뽕여지도

교통 체증 없는 지하철을 타고 짬뽕 여행을 떠나보세요.
이 지도 하나면 수도권 짬뽕 여행은 문제없어요.

서울

2호선 5호선 경의·중앙선

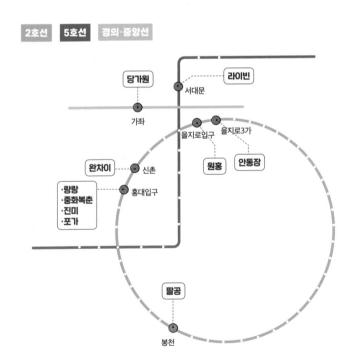

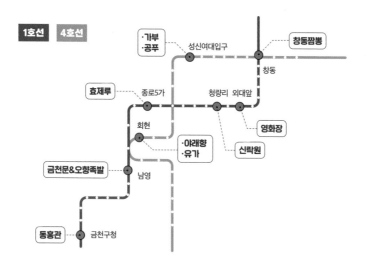

1호선 **4호선**

- ·가부
- ·공푸 — 성신여대입구

창동짬뽕 — 창동

효제루 — 종로5가 · · · 청량리 외대앞

영화장

회현 · · · 신락원

- ·야래향
- ·유가

금천문&오향족발 — 남영

동흥관 · · · 금천구청

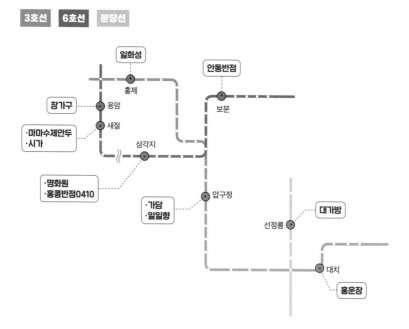

3호선 **6호선** **분당선**

일화성 — 홍제

안동반점 — 보문

장가구 — 응암

- ·마마수제만두
- ·시가 — 새절

삼각지

- ·명화원
- ·홍콩반점0410

- ·가담
- ·일일향

압구정

선정릉 — 대가방

대치

홍운장

경기 북부

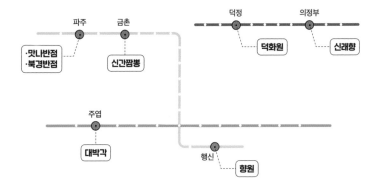

경기 남부

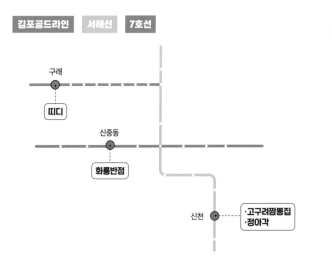

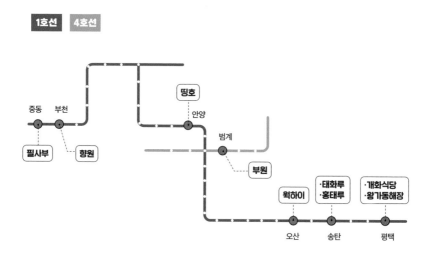

중동　부천
필사부　향원
띵호
안양
범계
부원
윅하이
·태화루
·홍태루
·개화식당
·왕가동해장
오산　송탄　평택

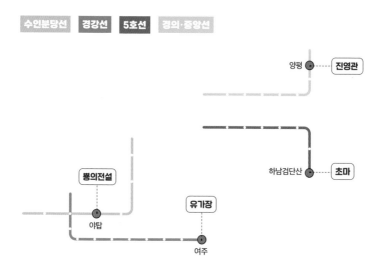

양평　진영관
봉의전설
야탑
유가장
여주
하남검단산　초마

공항선 인천 1호선 1호선 수인분당선

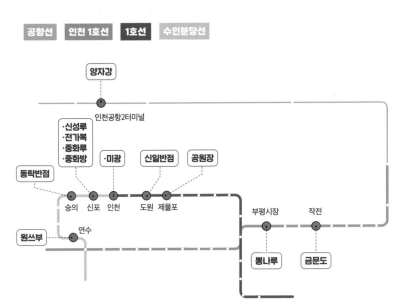

양자강

인천공항2터미널

·신성루
·전가복
·중화루
·중화방

·미광

신일반점

공원장

동락반점

숭의 신포 인천 도원 제물포

부평시장 작전

원쓰부 연수

봉나루 금문도

메뉴별 식당 찾아보기

탕수육이 맛있는 중식당

탕수육은 돼지고기에 녹말 반죽을 묻혀 튀긴 후 설탕, 식초, 야채,
전분 물로 만든 새콤달콤한 소스와 함께 먹는 메뉴.
이 책에 소개된 짬뽕 맛집들 중에서
탕수육과 고기튀김이 맛있는 집을 뽑아볼게요.

(가나다라순)

가담 서울시 강남구
여기 '고추탕수육'은 다른
집 사천탕수육과는 달라요.

금문도 인천시 강화군
젊은 셰프가 만드는 별미
'순무탕수육'.

대가방 서울시 강남구
미쉐린 식당 탕수육은
뭐가 달라도 다르네.

대흥각 전라북도 김제시
마치 스낵처럼 아삭아삭
한 신개념 고기튀김.

동운반점 부산시 동래구
독특한 '유린탕수육'은
짬뽕과도 잘 어울려요.

띠디 경기도 김포시
어디서도 보지 못한
통 고기튀김.

랑랑 서울시 마포구

개성 있고 쫀쫀한 맛의
'후랑랑탕수육'.

명화원 서울시 용산구

추억의 옛날식 탕수육
맛집입니다.

미미루 부산시 동래구

맛없는 요리가 없는 식당
의 웰 밸런스드 탕수육.

부원 경기도 안양시

호텔급 세련된 탕수육.

북경반점 경기도 파주시

맛있는 특 A급 화교 중식
당 탕수육.

안동반점 서울시 성북구

서울 노포 고기튀김의
정석.

야래향 서울시 중구

최고의 중식당,
볶먹탕수육 No.1!

영화원 전라북도 군산시

군산의 옛날 탕수육은
이런 맛일까?

원쓰부 인천시 연수구

짬뽕 맛집에 걸맞는
미니 찍먹 탕수육.

일일향 서울시 강남구

서울 찍먹 탕수육의 한 획!

진영관 경기도 양평군

고추짬뽕과 잘 어울리는
쫀쫀한 정통 탕수육.

천진 충청남도 천안시

정통 중식당의 신메뉴
'숙주탕수육'.

포가 서울시 마포구

최고 수준의 연남동표
'고기튀김'!

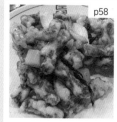

효제루 서울시 종로구

세련되고 정갈한 탕수육
의 극치.

홍국관 경상북도 안동시

예약하고 먹는 최고의 세
련된 탕수육.

신래향 경기도 의정부시

여기는 만두가 메인인 집입니다.

신일반점 인천시 중구

사모님이 직접 만드는 화교 중식당 군만두!

안동장 서울시 중구

요리와 굴짬뽕이 유명한 안동장은 파삭한
군만두까지 예술!

유가호 강원도 원주시

강원도 원주 노포에서 만나는, 정감 넘치는
사모님표 만두.

태화루 경기도 평택시

소개한 군만두 중 가장 거대한 군만두

포가계산동교자 충청북도 청주시

다양한 산동식 만두가 짬뽕보다 좋을 수도!

복성루 전라북도 군산시

복성루는 변했어도, 볶음밥은 아직도 건재
합니다.

북경반점 경기도 안성시

숨겨진 내공, 볶음밥과 잡채밥은 우리나라
최고일지도!

쌍용반점 충청북도 충주시

모든 음식이 다 좋은,
운치 있는 식당.

안동반점 서울시 성북구

볶음밥, 잡채밥은 서울
최고!

완차이 서울 서대문구

특유의 고추기름 향,
최고 수준의 차오판!

인발루 충청남도 홍성군

예스런 가게에서 화교
할아버지가 볶아주는 맛.

일화성 서울시 서대문구

이곳만의 '매운고기볶음
밥'.

전가복 인천시 중구

모든 요리가 좋고 볶음밥
까지 최고!

중화방 인천시 중구

키다리짬뽕아저씨의 원 픽 볶음밥!

진흥반점 대구시 남구

전국구 짬뽕이자 전국구 볶음밥!

필사부 경기도 부천시

대만 소시지 '샹창'이
들어간 최고의 볶음밥!

홍태루 경기도 평택시

라드 향이 제대로, 전형적
인 노포 화상 맛!

화룡반점 경기도 부천시

먹어봐야지 아는 맛!

메뉴별 식당 찾아보기

매운 짬뽕 마니아를 위한 추천

우리나라 짬뽕이 일본의 나가사키짬뽕이나 중국의 여러 가지 뜨끈뜨끈한
면 음식보다 특별하게 맛있는 건, 매운 짬뽕이라서 그렇겠죠.
'한국인의 매운맛'이라는 표현이 있을 정도입니다.
맵거나 화끈한 짬뽕은 겨울에도 든든하지만 칼칼한 짬뽕은 여름에도 시원합니다.
중독적인 매운맛을 자랑하는, 맛있는 매운 짬뽕 맛집들을 소개합니다.

(가나다라순)

p154

금문도 인천시 계양구
시뻘건 비주얼에 점도가 높은 진득한 매운 국물을 찾으신다면 바로 이곳!

p160

동락반점 인천시 미추홀구
살짝 외진 곳에 있지만, 꾸준히 매운 짬뽕 마니아들이 찾는 대표 중식당.

p258

신동양 전라북도 익산시
고춧가루 대신 푸짐한 고추들을 직접 볶아서, 매우면서 시원한 맛의 끝판왕!

p162

원쓰부 인천시 연수구
요새 유행하는 맛으로 불 향이 가득하고 젊은 입맛에 잘 맞는 아주 매운맛!

유가 서울시 중구

중독성이 있고, 두터운 팬층을 자랑하는
볶음 짬뽕.

유가장 경기도 여주시

굉장히 매우면서도 느껴지는 조개의 시원
한 감칠맛!

홍성방 제주도 서귀포시

육수가 묵직하지 않으면서도 상당히 맵고,
시원한 해물의 느낌이 매력적!

p66
p134
p276

상호명으로 찾아보기

가나다라 순으로 찾아보기

책에 수록된 120곳의 식당 중 기억에 남는 곳이 있었나요?
내가 아는 그 식당이 몇 쪽에 있는지 궁금할 때 유용하게 활용할 수 있습니다.

키다리짬뽕아저씨의
짬뽕 로드

펴낸날 초판 1쇄 2025년 1월 2일

지은이 키다리짬뽕아저씨(박기석)

펴낸이 임호준
출판 팀장 정영주
책임 편집 김경애 ㅣ **편집** 김은정 조유진
디자인 김지혜 ㅣ **마케팅** 길보민 정서진
경영지원 박석호 유태호 신혜지 최단비 김현빈

인쇄 (주)웰컴피앤피

펴낸곳 비타북스 ㅣ **발행처** (주)헬스조선 ㅣ **출판등록** 제2-4324호 2006년 1월 12일
주소 서울특별시 중구 세종대로 21길 30 ㅣ **전화** (02) 724-7648 ㅣ **팩스** (02) 722-9339
인스타그램 @vitabooks_official ㅣ **포스트** post.naver.com/vita_books ㅣ **블로그** blog.naver.com/vita_books

ISBN 979-11-5846-432-5 13980

비타북스는 독자 여러분의 책에 대한 아이디어와 원고 투고를 기다리고 있습니다.
책 출간을 원하시는 분은 이메일 vbook@chosun.com으로 간단한 개요와 취지, 연락처 등을 보내주세요.

비타북스 는 건강한 몸과 아름다운 삶을 생각하는 (주)헬스조선의 출판 브랜드입니다.